U0271469

中国科学技术大学
化学实验系列教材

CHEMICAL ENGINEERING EXPERIMENTS

化学工程实验

冯红艳　徐铜文　杨伟华　傅延勋　编著

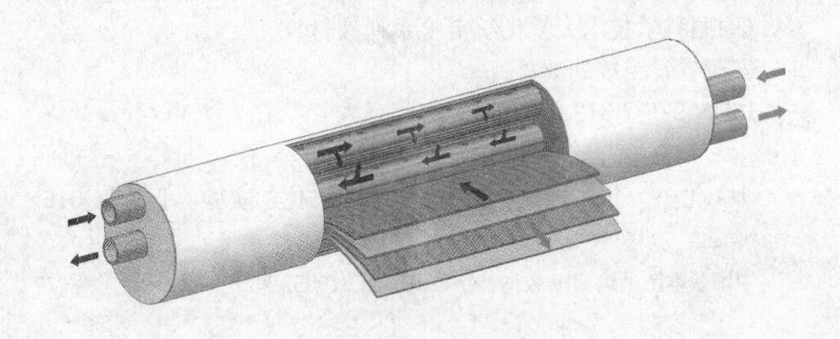

中国科学技术大学出版社

内 容 简 介

本书是在傅延勋、杨伟华、徐铜文等编著的《化学工程基础实验》的基础上编写的。第一章为化学工程实验基础知识，介绍了化学工程实验室安全知识和实验数据处理问题；第二章为化学工程基础实验，实验内容涵盖动量传递、热量传递、质量传递和化学反应工程实验；第三章和第四章为化学工程专业实验，实验内容为膜分离实验和膜分离综合实验。

本书可用作普通高校化学、应用化学专业化学工程实验课程的教材，也可以供高分子化学、材料化学、制药工程、生物工程等专业选用，还可以供化学工程技术人员参考。

图书在版编目(CIP)数据

化学工程实验/冯红艳等编著.—合肥：中国科学技术大学出版社，2014.1
(中国科学技术大学化学实验系列教材)
安徽省省级规划教材
ISBN 978-7-312-03389-6

Ⅰ.化… Ⅱ.冯… Ⅲ.化学工程—化学实验 Ⅳ.TQ016

中国版本图书馆 CIP 数据核字(2013)第 319057 号

出版 中国科学技术大学出版社
安徽省合肥市金寨路 96 号，230026
http://press.ustc.edu.cn
印刷 合肥学苑印务有限公司
发行 中国科学技术大学出版社
经销 全国新华书店
开本 787 mm× 1092 mm 1/16
印张 12.25
字数 306 千
版次 2014 年 1 月第 1 版
印次 2014 年 1 月第 1 次印刷
定价 23.00 元

前　言

化学工程基础实验是中国科学技术大学化学学科唯一的一门工科类基础实验课，是理科化学和应用化学专业的工程技术教育中一个重要的实践性教学环节。理科化学专业的学生毕业后大多数从事应用与开发研究，或者技术转让，所做的工作往往都是些开创性工作，规模不大，体系复杂，但对分离技术要求高。就课程内容而言，学生仅掌握和了解一些常规分离技术（传统的化学工程分离实验）是远远不够的，还必须掌握和了解新型分离技术。因此，本实验教材编写了一些更适合理科专业又具特色的膜分离实验内容，希望学生通过第三章和第四章的学习，可以充分认识到分离过程的重要性。

鉴于"膜分离实验"和"膜分离综合实验"是比"基础实验"更加接近现代化学工程前沿的、更加专业化的实验，本实验教材取名为《化学工程实验》。本实验教材共计 4 章，编写了 28 个实验。第一章介绍了化学工程实验的基础知识；第二章编写了化学工程基础实验，实验内容涵盖动量传递、热量传递、质量传递和化学反应工程，共计 14 个实验；第三章为具有特色又紧跟前沿的膜分离实验项目，共计 8 个实验；第四章为膜分离综合实验，共包括 6 个实验。实验内容安排上由基础到专业、由单元操作到综合。在保留经典的"三传一反"实验的基础上，本教材还编写了膜分离实验和膜分离综合实验内容，各专业可以根据需要进行选择。

本实验教材是在傅延勋、杨伟华、徐铜文等编著的《化学工程基础实验》的基础上进行编写的，结合编写老师的教学经验，充分展示了化学工程基础实验室近十几年的教学改革和教学研究成果。化学工程基础实验室自 2001 年开始，先后在"211"大学建设专项、一流大学建设专项、"985"高校专项的支持下，借力于中国科学技术大学的功能膜研究室的科研平台，打破了理科跟着工科院校建设思路走的做法，建设形成了一些科研成果转化的实验内容。实验项目建设和实验教材的编写主要由冯红艳、徐铜文、杨伟华和傅延勋完成，王晓林博士和蒋晨啸博士也参与了部分实验内容的编写，其中第四章内容来源于王晓林的科研工作，在此表示衷心的感谢。

由于编者水平有限，本实验教材难免存在错误和不妥之处，恳请有关专家和使用本教材的老师和同学提出批评和建议，并反馈给我们，以便再版时改进。

编　者

2013 年 11 月

目 录

第一章　化学工程实验基础知识

第一节　实验室安全知识简介

化学工程实验是一门实践性很强的基础课程，实验过程中不免要接触到易燃、易爆、有腐蚀性和毒性的物质，会遇到高压、高温或低温及高真空操作条件，还会涉及用电和实验装置操作方面的问题，故要有效地达到实验目的就必须关注安全问题，掌握一定的安全知识。

1．化学药品和气体

化学工程实验中接触的化学药品，虽不如化学基础实验那样多，但仍要关注使用安全问题。使用化学药品之前，一定要了解该药品的性能，如毒性、腐蚀性、致癌性、易燃性和易爆性，并搞清楚使用方法和防护措施。例如有毒药品，如铅盐、钡盐、砷化合物、氰化物和 $K_2Cr_2O_7$ 等，不得进入口内或接触伤口，也不能随便倒入下水道。脂溶性有机溶剂，如苯、甲醇、硫酸二甲酯等不仅对皮肤及黏膜有刺激作用，而且对神经系统也会造成损伤，使用时要特别注意。

使用有挥发性的化学试剂，如 HCl，HNO_3 等，应在通风柜中进行。

使用或制备有毒及易燃、易爆气体，如 NH_3，H_2，H_2S，Cl_2，SO_2，CO，$COCl_2$，Br_2 等，系统一定要严密不漏，尾气要导出室外，并注意室内通风。

2．高压气瓶

高压气瓶俗称钢瓶，它是一种储存各种压缩气体或液化气的高压容器。气瓶容积一般为40～60 L。最高工作压力为150 atm（$1\ \text{atm}=1.013\,3\times10^5$ Pa），最低的也有6 atm以上。由于气瓶压力很高，以及储存的某些气体本身又是有毒或易燃、易爆的，因此，使用气瓶时一定要掌握其结构特点和安全知识。

（1）气瓶运输、保存和使用时，应远离热源（明火、暖气、炉子等），并避免长时间在日光下曝晒，在夏日更应注意。

（2）气瓶运输过程中，应戴好钢瓶帽和橡胶安全圈，要轻搬轻放，避免跌落撞击。使用时要固定牢靠，防止碰倒，更不允许用槌子、扳子等金属器具敲打气瓶。

（3）瓶阀是气瓶的关键部位，要正确、精心地保护。

① 在实验室使用气瓶，必须用专用的减压阀，尤其是氢气和氧气的减压阀不能互换。氢及其他可燃气体的瓶阀，连接减压阀的连接管为左旋螺纹，而氧等不可燃气体的瓶阀，连接管为右旋螺纹。这就是为了防止氢和氧两类气体的减压阀混用，以至造成事故。

② 氧气瓶阀严禁接触油脂。

③ 要注意保护瓶阀。开、关瓶阀时一定要搞清楚方向，缓缓转动，选择方向错误或用力过

猛会使螺纹受损，可能冲脱而出，导致发生重大事故。关闭钢瓶时，不漏气即可，不要旋得过紧。

④ 瓶阀发生故障时，应立即报告实验指导教师，严禁擅自拆卸瓶阀上任何零件。

(4) 气瓶安装好减压阀和连接管线后，每次使用前都要在瓶阀附近用肥皂水检查，确认不漏气才能使用。

(5) 气瓶中气体不要全部用尽，剩余压力一般不小于 $1\ kg \cdot cm^{-2}$，以供检查。

(6) 气瓶必须严格按期检验。

3. 电器设备

化学工程实验中电器设备较多，某些装置的电负荷较高。因此，注意安全用电极为重要。一方面要健全电器设备的安全措施，另一方面要严格遵守操作规程。

(1) 实验前，要了解实验室总电闸与分电闸的位置，便于出现用电事故时及时切断电源。

(2) 接通电源之前，必须认真检查电气设备和电路是否符合规定要求，对于直流电设备应检查正负极是否接对。

(3) 严禁用湿手接触电闸、开关或任何电器。

(4) 启动电机前，先用手转动一下电机的轴。合上电闸后，立即查看电机是否已转动；若不转动，应立即切断电闸，否则电机很容易烧毁。

(5) 合闸动作要快，要合得牢，若接触不良则容易打火花，熔断保险丝。合上电闸后若发现异常声音或气味，应立即切断电闸。若无异常情况，则用验电笔检查设备是否漏电。

(6) 必须按照规定的电流限额用电。严禁私自加粗保险丝或用其他金属丝代替保险丝。当保险丝熔断后，一定要找出熔断原因，消除隐患，才能更换保险丝。

(7) 操纵电负荷较大的设备时，最好穿胶底鞋或塑料底鞋，尽量不要用两手同时接触负电设备。

(8) 若用电设备是电热器，在通电之前，一定要搞清楚进行电加热所需要的前提条件是否已经具备。例如，在精馏实验中，接通塔釜电热器之前，必须搞清釜内液面是否符合要求，塔顶冷凝器的冷却水是否已经打开。电气设备不能直接放在木制实验台上使用，必须用隔热材料隔开，以免引起火灾。

(9) 实验过程中如果发生停电现象，必须切断电闸，以防突然来电时电气设备在无人情况下运行。

(10) 离开实验室前必须把分管本实验的电闸切断。

(11) 电气设备维修时必须停电作业。如接保险丝时，一定要先切断电闸后再进行操作。

(12) 所有电气设备的金属外壳应接地线，并定期检查是否连接良好。导线的接头应精密牢固，裸露的部分必须用绝缘胶布包好或塑料绝缘管套好。

4. 防火安全知识

实验室应配备一定数量的消防器材，要熟悉消防器材的存放位置和使用方法。

(1) 易燃液体(密度小于水)，如乙醇、汽油、苯、丙酮等着火，应使用泡沫灭火器来灭火。因为泡沫比易燃液体轻且比空气重，可覆盖在液体上面隔绝空气。

(2) 金属钠、钾、钙、镁、铝粉、电石、过氧化钠等着火，应采用干沙灭火。此外还可用不燃性固体粉末灭火。

(3) 电气设备着火，应用四氯化碳灭火器灭火，但不能用水或泡沫灭火器灭火。因为后者导电，这样易造成灭火人触电事故。使用时要站在上风侧，以防四氯化碳中毒。室内灭火后要打开门窗通风。

(4) 其他地方着火，可用水来扑灭。

第二节 实验数据的处理

一、实验数据测量误差和有效数字

(一) 实验数据测量误差及减免方法

由于化学工程实验中使用的各种测量仪器、仪表的结构不同，加上测量方法、学生的实验水平和观察习惯等原因，使测量值与真值(某种物理量客观存在的确定值)之间总会存在一定差别。这种差别称为误差。

误差分为绝对误差和相对误差。

测量值 x 与物理量的真值 X 之差称为绝对误差。有时将绝对误差简称为误差。由于种种原因，各种测量方法都无法得到真值 X，而只能得到测量值 x，故实际中常用若干次测量值 x 的平均值 $\bar{x}$ 来代替真值 X。绝对误差用符号 D 来表示：

$$D = x - X \doteq x - \bar{x} \tag{1.2.1}$$

绝对误差 D 与物理量真值 X 的百分比称为相对误差，用符号 ε 来表示：

$$\varepsilon = \frac{D}{X} \times 100\% \doteq \frac{x - \bar{x}}{\bar{x}} \times 100\% \tag{1.2.2}$$

产生误差的原因很多，一般分为两类：系统误差和偶然误差。

1. 系统误差

系统误差是由于实验过程中某些经常性的原因所造成的误差。它的特点是：在多次测定中会重复出现，对实验结果分析的影响比较固定，即偏高的总是偏高，偏低的总是偏低。系统误差直接影响分析结果的准确度。其来源及减免方法如下。

(1) 化学试剂误差。化学试剂误差是由于化学试剂纯度不够或引入杂质所造成的误差。

减免方法：使用较纯的化学试剂，避免杂质引入，消除化学试剂带来的误差。

(2) 测试仪器误差。测试仪器误差是由于仪器不够精密或未经校准所造成的误差。

减免方法：改用更精密的仪器或对使用的测试仪器进行校准。

(3) 方法误差。方法误差是由于实验方法不当所造成的误差，例如近似的测试方法或近似的计算公式。

减免方法：选择正确的实验方法。有条件的可对样品进行对照实验，求出校正系数，并将校正系数应用到分析计算中去。

(4) 操作误差。操作误差是由于主观因素造成的误差。例如,对滴定终点的辨别往往不同,有人偏深,有人偏浅。

减免方法:需要加强基本操作训练。

2. 偶然误差

偶然误差是由于某些偶然的因素所造成的误差。它的特点是同一项测定的误差数值不恒定,有时大,有时小,有时正,有时负。偶然误差在实验中往往是无法避免的。例如,温度、湿度或气压的微小波动,仪器性能的微小变化,对几份试样处理时的微小差别等,都可能带来误差。又如,在读取滴定管读数时,估计的小数点后第二位的数值,几次读数不一致。偶然误差直接影响实验结果的精密度(指测量中所得数值的重现性)。

偶然误差由于是偶然原因造成的,其数值大小没有规律性,但在相同条件下,如果进行多次重复测定,所得结果的误差是符合一定规律的,即正误差和负误差出现的概率相等;小误差出现的次数占大多数,而大误差出现的次数极少。

减免方法:应多做几次平行实验,取其平均值。

在化学工程实验中,常用的平均值有下列几种。

(1) 算术平均值。算术平均值 $\bar{x}$ 的计算公式为

$$\bar{x} = \frac{x_1 + x_2 + \cdots + x_n}{n} = \frac{\sum_{i=1}^{n} x_i}{n} \tag{1.2.3}$$

在化学工程实验和科学研究中,测量的数据一般呈正态分布,从理论上可以证明此时算术平均值为最佳值或最可信赖值,故常采用算术平均值 $\bar{x}$ 代替真值。

(2) 均方根平均值。均方根平均值 $\bar{x}_{RMS}$ 的计算公式为

$$\bar{x}_{RMS} = \sqrt{\frac{x_1^2 + x_2^2 + \cdots + x_n^2}{n}} = \sqrt{\frac{\sum_{i=1}^{n} x_i^2}{n}} \tag{1.2.4}$$

均方根平均值主要用于计算气体分子的动能。

(3) 几何平均值。几何平均值 $\bar{x}_G$ 的计算公式为

$$\bar{x}_G = \sqrt[n]{x_1 x_2 \cdots x_n} \tag{1.2.5}$$

如以对数形式表示,则为

$$\lg \bar{x}_G = \frac{\sum_{i=1}^{n} \lg x_i}{n} \tag{1.2.6}$$

当一组测量数据取对数后,所得数据的分布曲线对称时,常用几何平均值。几何平均值常小于算术平均值。

(4) 对数平均值。设有两个测量值 x_1 和 x_2,其对数平均值 $\bar{x}_L$ 的计算公式为

$$\bar{x}_L = \frac{x_1 - x_2}{\ln x_1 - \ln x_2} = \frac{x_1 - x_2}{\ln \frac{x_1}{x_2}} \tag{1.2.7}$$

在热量、质量传递过程和化学反应中,当测量数据的分布曲线具有对数特性时,常采用对数平均值。对数平均值总小于算术平均值。若 $1 < x_1/x_2 < 2$,可用算术平均值代替对数平均

值，其误差不超过4.4%。

(二) 有效数字

(1) 实验数据(包括计算结果)的准确度取决于有效数字的位数，而有效数字的位数是与测量仪器与仪表的精度、测量精度、计算精度密切相关的。例如，使用量程为0～25 MPa的压力表测量某体系的压力为10.5 MPa。该压力表的最小刻度间距为1 MPa。由于仪表指示正好在10和11之间，读取值为10.5 MPa，尾数0.5是估计的。数据的记录、整理和处理都要求与表盘的读取值的精度相当，有效数字只能取到小数点后一位为止。通过有效数字可以了解所用测量仪器与仪表、测量方法和计算结果可以达到的精度。如果仪表指示正好在10，为了正确表示仪表测量精度，应该记作10.0 MPa。由于压力表最小刻度间距为1 MPa，则计算最大绝对误差只能精确到零点几兆帕，再高是没有意义的。

(2) 非零数字前面的0，不属于有效数字，而是数字因单位变化造成的结果。在单位变化时，数值发生变化，但有效数字位数保持不变。例如，因使用的单位不同，1.5 mm可表示为0.001 5 m，它们都是两位有效数字。

(3) 常见数字后面的0，有时是有效数字，有时则可能只是单位改变造成的。例如，1 500是不是四位有效数字并不明确，它有可能表示测量或计算形成了四位有效数字，也可能类似1.5 mm表示为1 500 μm时的情况，仍然只是两位有效数字。因此，为了明确数字的有效位数，数字应该表示成大于或等于1且小于10的数字与10的幂的乘积的形式。这种方法称为科学计数法。幂的乘积前的数字是一个非零数字，它表示有效数字位数，然后通过10的幂的乘积表示出使用不同单位造成的数值大小的变化。例如，1.5×10^4是两位有效数字，1.50×10^4是三位有效数字，1.500×10^4是四位有效数字；而$1.5\ \text{mm}=1.5\times10^3\ \mu\text{m}$，$1.5\ \text{mm}=1.5\times10^{-3}\ \text{m}$，始终都只是两位有效数字。

(4) 实验数据计算中有效数字取几位？我们介绍几条应遵循的规则。

① 加减法：运算过程中，以小数点后位数最少的为准，其余的数据可以经过四舍五入后比该数据多保留一位小数，而计算结果保留的小数位数则应与小数点后位数最少的数据相同。例如：15.567 + 0.045 6 + 1.22，可化成15.567 + 0.046 + 1.22，运算后为16.833，结果应取16.83。

② 乘除法：运算过程中，以有效数字位数最少的为准，其余的数据可以经过四舍五入后比该数据多保留一位有效数字，所得积或商的有效数字应与有效数字位数最少的数据相同。例如：14.567×0.034 5×1.5，可化成14.6×0.034 5×1.5，运算后为0.755 55，结果应取0.76。

③ 乘方、开方运算：乘方、开方后有效数字位数与其底数相同。

④ 对数运算：在对数运算中，对数的首数(整数部分)不是有效数字，其尾数(小数部分)的有效数字位数与相应的真数相同。例如有三份溶液，其氢离子浓度($[H^+]$)分别为0.020 00，0.020和0.02 $\text{mol}\cdot\text{L}^{-1}$，它们的对数值($\lg[H^+]$)应分别为$\bar{2}.3010$，$\bar{2}.30$和$\bar{2}.3$，因而它们的pH应分别取1.699 0，1.70和1.7。这些pH($-\lg[H^+]$)的有效数字分别为4位、2位和1位，整数“1”不是有效数字。

(5) 对有效数字中多余数字如何取舍？采用通常的“四舍五入”法，有其弊端，即遇五进位往往导致数据取值偏高，引入了5本身的误差。为克服这种弊端，我国科学技术委员会正式颁布的《数字修约规则》中指出，当有效数字的位数确定之后，其数字修约规则之一就是：四舍六入五单双，即有效数字后面第一位数字为5，而5之后的数不全为0，则在5的前一位数字上增加1；若5之后的数字全为0，而5的前一位数字又是奇数，则在5的前一位数字上增加1；若5之后的数字全为0，而5的前一位数字又是偶数，则舍去不计。例如，将下列数字修约为四位有效数字：

16.034 1 → 16.03

16.036 1 → 16.04

16.025 1 → 16.03

16.035 0 → 16.04

16.025 0 → 16.02

二、实验数据整理

所谓实验数据整理，就是把所获得的一系列实验数据用最合适的方式表达出来。在化学工程实验中，有如下三种表达方式。

（一）实验数据整理成表格

该方法是整理数据的第一步，为标绘曲线图或整理成数学公式打下基础。该方法简明清晰，它可以直接给出人们实验中各个项目的众多的具体数值，有利于他人从表格中直接查取有关数据（如不能直接从表格中查取，可采用插值法）。

1. 实验数据表格的分类

实验数据表格一般分为两大类：原始数据记录表格和整理计算数据表格。

原始数据记录表格必须在实验前设计好，以便清楚地记录所有待测数据。整理计算数据表格应简明扼要，只表达主要物理量（因变量）的计算结果，有时还可以列出实验结果的最终表达式。

2. 设计实验数据表格应注意的事项

（1）表头列出物理量的名称、符号和计量单位。符号和计量单位之间用斜线“/”隔开（斜线不能重复使用）或用括号表示。计量单位不宜混在数字中，以免造成分辨不清。

（2）注意有效数字位数，记录的数字位数应与测量仪器、仪表的精度相匹配，不可过多或过少。

（3）物理量的数值较大或较小时，要用科学记数法来表示。以“物理量的符号 $\times 10^{\pm n}$（计量单位）”的形式，将 $10^{\pm n}$ 记入表头。

注意 表头中的 $10^{\pm n}$ 与表中的数据应服从下式：

$$物理量的实际值 \times 10^{\pm n} = 表中数据$$

（4）为便于引用，每一个数据表都应在表的上方写明标号和表题（表名）。表格应按出现的顺序编号。表格应在正文中有所交代，同一个表格尽量不跨页，必须跨页时，在此页表上须注“续表”。

（5）数据表格要正规，数据书写清楚整齐。修改时宜用单线将错误的划掉，将正确的写在下面。各种实验条件及做记录者的姓名可作为“表注”，写在表的下方。

（二）实验数据整理成图形

实验数据整理成图形的优点是直观清晰，便于比较，容易看出数据中的极值点、转折点、周期性、变化率以及其他特性。准确的图形还可以在不知数学表达式的情况下进行微积分运算，因此得到了广泛应用。

图示法第一步必须是按列表法的要求列出因变量 y 与自变量 x 相对应的 y_i 与 x_i 数据表。

图示法作图必须依据一定的法则，只有遵守这些法则，才能得到与实验点位置偏差最小且光滑的曲线图形。

1. 坐标纸的选择

化学工程实验中常用的坐标系为直角坐标系，包括笛卡儿坐标系（又称直角坐标系）、半对数坐标系（一个轴是分度均匀的普通坐标轴，另一个轴是分度不均匀的对数坐标轴）和对数坐标系（两个轴都是对数坐标轴）。

下列情形建议选用半对数坐标：

（1）变量之一在所研究的范围内发生了几个数量级的变化。

（2）在自变量由零开始逐渐增大的初始阶段，当自变量的少许变化引起因变量极大变化时，采用半对数坐标纸，曲线最大变化范围可伸长，使图像轮廓清楚。

（3）需要将某种函数变换为直线函数关系，如指数函数 $y = a\mathrm{e}^{bx}$。

下列情形建议选用对数坐标：

（1）所研究的函数 y 和自变量 x 在数值上均变化了几个数量级。例如：

$$y = 2, 14, 40, 60, 80, 100, 177, 181, 188, 200$$

$$x = 10, 20, 40, 60, 80, 100, 1\,000, 2\,000, 3\,000, 4\,000$$

（2）需要将曲线开始部分划分成展开的形式。

（3）需要变换某种非线性关系为线性关系时，例如，函数 $y = ax^b$。

2. 坐标分度的确定

坐标分度是指每条坐标轴所能代表的物理量的大小，即坐标轴的比例尺。如果选择不当，那么根据同组实验数据作出的图形就会失真，从而导致结论错误。坐标分度的选择，要反映出实验数据的有效数字位数，即与被标数值精度一致，并要求方便易读。坐标分度值不一定从零开始，使图形占满全幅坐标纸较为合适。

3. 其他必须注意的事项

（1）图线光滑。图线要尽可能通过较多的实验点，或者使曲线以外的点尽可能位于曲线附近，并使曲线两侧的点数大致相等。

（2）定量绘制的坐标图，其坐标轴上必须标明该坐标所代表的物理量名称、符号及所用计量单位。如离心泵特性曲线的横轴须标明：流量 $q_V(\mathrm{m^3 \cdot h^{-1}})$。

（3）图必须有图名（包括图号和图题），以便于引用。必要时还应有图注。

（4）不同线上的数据点可用△、○等不同符号表示，且必须在图上说明。

（三）实验数据整理成经验公式

在化学工程实验中，除了用表格和图形描述变量之间的关系外，还常常把实验数据整理成数学方程式,即所谓建立数学模型。该方式便于进行微分、积分等数学运算和在计算机上求解,并且在一定的范围内可以较好地预测实验结果。因此这种整理实验数据的方式通常广为人们采用。

1. 经验公式的选择

在化学工程实验中,由于很难用纯数学、物理方法直接推导出数学模型,因此采用半理论方法、纯经验方法和实验曲线图解法来确定相应的经验公式。

(1) 半理论方法。由量纲分析法求出准数关系式,再由实验确定其常数值。例如,动量、热量和质量传递过程的准数关系式分别为

$$Eu = A\left(\frac{l}{d}\right)^{a} Re^{b},\quad Nu = B\,Re^{c}\,Pr^{d},\quad Sh = C\,Re^{e}Sc^{f} \tag{1.2.8}$$

其中各式中的常数(例如 A, a, b,…)可由实验数据通过计算求出。

(2) 纯经验方法。根据长期积累的经验,有时也可决定整理数据时应该采用什么样的数学模型。例如,生物实验中的细菌培养,设原来细菌数量为 a,繁殖率为 b,则细菌总量 y 与时间 t 满足指数关系,即 $y = a\mathrm{e}^{bt}$。

(3) 实验曲线图解法。将实验数据先标绘在普通坐标纸上,得一直线或曲线。

如果是直线,则根据初等数学可知:$y = a + bx$,其中 a,b 值可由直线的截距和斜率求得。

如果不是直线,可将实验曲线和典型的函数曲线相对照,选择与实验曲线相似的典型曲线函数,然后用直线化方法(即将曲线函数转化成线性函数),并对所选函数与实验数据的符合程度加以检验。如为直线,则可确定其常数值;如偏离直线,则重新直线化。如此反复,直到符合直线关系为止。

2. 常见函数的典型图形及直线化方法

例如:幂函数

$$y = ax^{b}$$

两边取对数得

$$\lg y = \lg a + b\lg x$$

令

$$X = \lg x,\quad Y = \lg y$$

则得直线化方程

$$Y = \lg a + bX$$

三、实验数据处理

(一) 图解法求经验公式中的常数

经验公式选定后,需要按照实验数据决定公式中的常数。这里简要介绍用图解法求经验公式中的常数。

1. 幂函数的线性图解

当研究的变量间满足幂函数($y = ax^{b}$)关系时,将实验数据(x_i,y_i)标绘在对数坐标上,其

图形是一直线。

(1) 常数 b 的确定方法。① 先读数后计算。在标绘所得的直线上，取相距较远的两点，读取两对(x,y)值，然后按式(1.2.9)计算直线斜率 b，即

$$b=\frac{\lg y_2-\lg y_1}{\lg x_2-\lg x_1} \tag{1.2.9}$$

② 先测量后计算。在两坐标轴比例尺相同的情况下，可用直尺量出直线上 A_1 和 A_2 两点之间的水平及垂直距离，然后按式(1.2.10)计算。

$$b=\frac{A_1\text{ 和 }A_2\text{ 两点间垂直距离的实测值 }L_y}{A_1\text{ 和 }A_2\text{ 两点间水平距离的实测值 }L_x} \tag{1.2.10}$$

(2) 常数 a 的确定方法。在对数坐标系中坐标原点为 $x=1,y=1$。在 $y=ax^b$ 中，当 $x=1$ 时 $y=a$，因此常数 a 的值可由直线与过坐标原点的 y 轴交点的纵坐标来定出。如果 x 和 y 的值与 1 相差甚远，图中找不到坐标原点，则由直线上任一已知点 A_i 的坐标(x_i,y_i)和已求出的斜率 b，按式 $a=\frac{y_i}{x_i^b}$ 计算 a 值。

2. 指数或对数函数的线性图解

当所研究的函数关系为指数函数($y=ae^{kx}$)或对数函数($y=a+b\lg x$)时，将实验数据(x_i,y_i)标绘在半对数坐标纸上的图形是一直线。

(1) 常数 k 或 b 的求法。在直线上任取相距较远的两点，根据两点的坐标(x_1,y_1)，(x_2,y_2)来求直线的斜率。

对 $y=ae^{kx}$，纵轴 y 为对数坐标

$$b=\frac{\lg y_2-\lg y_1}{x_2-x_1} \tag{1.2.11}$$

$$k=\frac{b}{\lg e} \tag{1.2.12}$$

对 $y=a+b\lg x$，横轴 x 为对数坐标

$$b=\frac{y_2-y_1}{\lg x_2-\lg x_1} \tag{1.2.13}$$

(2) 常数 a 的求法。可用直线上任一点处的坐标(x_i,y_i)和已经求出的系数 k 或 b，代入函数关系式后求解。即：

由 $y_i=ae^{kx_i}$，可得 $a=\frac{y_i}{e^{kx_i}}$；

由 $y_i=a+b\lg x_i$，可得 $a=y_i-b\lg x_i$。

(二) 实验数据的回归分析法

有的因变量与自变量之间并不存在确定的函数关系，但是从大量的统计数据看，它们可能存在某种规律，即存在某种相关关系。从相关变量中找出合适的数学方程式的过程称为回归，得到的数学方程式称为回归方程式或回归模型。回归也称为“拟合”，它是从大量的实验数据中，寻找隐藏在内部的统计性规律的方法。回归分析法与计算机技术相结合，已成为确定经验公式有效的手段之一。这里简要介绍一元线性回归、多元线性回归和非线性回归。

1. 一元线性回归

画出 n 个数据点$(x_1,y_1),(x_2,y_2),\cdots,(x_n,y_n)$的散点图,如果数据 x 与 y 之间大致呈线性关系,则可以建立因变量 y 与自变量 x 之间的一元线性回归方程

$$\hat{y} = a + bx \tag{1.2.14}$$

式中:$\hat{y}$—由回归值计算的值;

a,b—回归系数,可由最小二乘法求解。

2. 多元线性回归

在实际问题中,自变量往往不止一个,而因变量只有一个。这类问题就是多元回归问题,其中最简单的是多元线性回归。如果因变量 y 和 m 个自变量 $x_1,x_2,\cdots,x_m$ 之间存在线性相关关系,则可建立如式(1.2.15)所示的一次回归方程式

$$\hat{y} = b_0 + b_1x_1 + b_2x_2 + \cdots + b_mx_m \tag{1.2.15}$$

设有 n 组实验测量值,则

$$(x_{1i},x_{2i},\cdots,x_{mi},y_i),\quad i = 1,2,3,\cdots,n \tag{1.2.16}$$

同样用最小二乘法进行处理,得到线性方程组。通过对线性方程组的求解,可得到线性回归系数$(b_0,b_1,b_2,\cdots,b_m)$,从而得到回归方程式。

3. 非线性回归

在化学工程实验中,许多实验数据的因变量和自变量之间存在着复杂的非线性关系,这就需要进行非线性回归得到非线性的回归方程式。非线性函数分为两种:一种是可以转化为线性函数的,另一种是不可以转化为线性函数的。非线性函数转化为线性函数后,就可以按线性回归的方法进行拟合。例如:

指数函数

$$y = ce^{bx} \tag{1.2.17}$$

两边取自然对数,得

$$\ln y = \ln c + bx \tag{1.2.18}$$

令 $Y=\ln y, c'=\ln c$,则式(1.2.18)变为

$$Y = c' + bx \tag{1.2.19}$$

指数函数转化为线性函数后,可以按线性回归方法拟合。

四、计算机数据处理简介

1. 使用 Excel 软件处理数据

电子表格 Excel 具有强大的绘制表格功能和数据计算功能,能进行方程求解、线性回归和非线性回归,并且具有绘制图表和简单数据库的功能。电子表格 Excel 简单易学,不需要学习计算机语言和编程,对于化学工程实验中复杂的数据计算,电子表格显示了明显的优势,化学工程实验中的大部分实验数据都可以使用 Excel 软件进行处理。

2. 使用 Origin 软件绘制曲线及拟合

Origin 是在 Windows 平台下用于数学分析和工程绘图的软件,功能强大,应用很广。它最基本的功能是曲线拟合,是化学工程实验进行数据处理的有力工具。

第二章　化学工程基础实验

引　言

本章就实验内容而言为“三传一反”的化工实验内容，即动量传递、热量传递、质量传递和化学反应工程，共14个实验。这些实验涉及化学工程基础的各个方面，既有单元操作方面实验，又有反应工程方面实验；既有验证型实验，又有设计型和研究型实验；既有基础性实验，又有综合性实验。由于实验较多，又具有系统性，故可供各专业学生根据课程设置进行选择。

本章就实验类型而言分为基础实验和综合实验。基础实验可以在传统的授课模式下进行。实验时间比较短、实验步骤比较单一，如能量转换（伯努利方程）演示实验、离心泵计算机数据采集和过程控制实验、二氧化碳吸收与解吸实验、传热综合实验等；综合化工实验一般由若干步骤组成，实验时间较长。例如，反应精馏法制乙酸乙酯，该实验使化学反应与分离操作同时进行，能显著提高转化率，降低消耗。实验以乙酸和乙醇为原料，在酸催化下生成乙酸乙酯的可逆反应。该反应中乙醇、水、乙酸乙酯三个组分可形成二元共沸物，水-酯、水-醇共沸物沸点较低，醇和酯不断地从塔顶排出，从而使转化率提高。若控制反应原料比例，可使组分转化完全。再如内循环反应器测定合成氨动力学参数实验，该实验采用内循环全混流反应器，在保证温度和浓度无梯度条件下，测定常压下氨合成的反应速度常数和表观活化能。通过实验可以初步掌握一种连续流动体系气-固催化动力学的实验研究方法，进而对连续流动实验反应器的基本原理、性能及其特点，以及气-固催化动力学的基本原理加深理解。综合实验可以培养学生处理复杂问题的能力，增强学生的创新意识。

本章的实验项目有近一半的实验，包括板式塔连续精馏实验、离心泵计算机数据采集和过程控制实验、二氧化碳吸收与解吸实验、传热综合实验、连续搅拌釜式反应器液体停留时间分布实验等，采用了计算机自动采集数据、自动数据处理技术，使学生了解计算机技术在现代化工中的应用。

一、化学工程基础实验教学目的

理科院校化学和应用化学等专业人才培养规格是不同于工科的，理科院校不是要把学生培养成工程技术人员，而是科研、开发、教学人员，是为了使他们能与工程技术人员搞好“接力”或是互相“渗透”，使他们的科研成果能尽快地转化为现实生产力。因此理科化学工程基础实验教学有别于工科。我们认为理科化学工程基础实验教学要达到如下目的：

(1) 培养学生具有从事科学实验研究和产品开发的初步能力,培养学生的工程意识、创新意识和经济技术观念。

从科学实践中,我们体会到从事科学实验研究应具备这样一些能力:对实验现象有敏锐的观察能力;有运用各种实验手段正确地获取实验数据的能力;有分析、归纳和处理实验数据的能力;有由实验数据和实验现象实事求是地得出结论,并能提出自己见解的能力;对所研究的问题具有旺盛的探索和创造力;以及具有一定的实践经验,善于社会合作的能力。通过学习化学工程基础实验,可以很好地增强这方面能力。同时,为了把科学实验研究成果转化为现实生产力,需要初步具备应用化学工程实验技术进行产品开发的能力。产品开发过程中不可避免地会遇到传质、传热、流体输送和化学反应这一类工程问题,而这正是化学工程基础实验所涉及的。在进行产品开发的同时,可以培养学生的工程意识、创新意识和经济技术观念。

(2) 初步掌握一些有关化学工程学的实验研究方法和实验技术。

化学工程基础实验课程有一些特有的实验研究方法,如量纲分析法(黑箱法)、类似律法、数学模型法、传质单元法等。初步掌握这些方法,可以引导学生注意学习另一类解决问题的方法,启迪思维,开阔视野。化学工程基础实验知识是理科化学和应用化学等专业学生知识结构中不可缺少的内容。化学工程基础实验将接触一些新的实验技术(包括最新的测试手段),这样可使学生毕业后走向工作岗位时能适应不断发展的科学技术。

(3) 培养学生运用所学理论分析问题和解决问题的能力。

尽管学生已经学过了"化学工程基础"理论课,但由于时间紧且内容多,有些知识掌握得不太牢固,而且在做实验时还会遇到一些新问题,尤其是工程方面的问题。通过做实验,在理论和实践相结合的过程中,必将有助于巩固和加深对课堂所学的基本概念和基本原理的理解,并且在某些方面还能得到充实和提高。

总而言之,化学工程基础实验课着重于实践能力的培养,这种能力的培养是单纯书本知识学习所无法取代的。化学工程基础实验课程由于受学时和各种其他条件的制约,学生只能在已有的实验装置和规定的实验条件范围内进行实验,因此,上述各种能力的培养只能是初步的。但是有了这种初步能力,对于学生从事科学实验研究、化学应用和产品开发研究是大有益处的,也是必不可少的。

二、化学工程基础实验教学要求

化学工程基础实验课主要有课前预习、实验课中的实际操作(包括实验数据的测定与记录)和实验报告的编写这样三个环节。各个环节的具体要求如下。

(一) 课前预习

(1) 要认真阅读实验教材,明确实验的目的和要求。

(2) 根据实验的具体要求和任务,研究实验的理论依据及方法,熟悉实验的操作步骤。分析哪些数据需要直接测量,哪些数据不需要直接测量,初步估计实验数据的变化规律、布点,做到心中有数。

(3) 到实验室现场了解实验过程,观察实验装置、测试仪器及仪表的构造和安装位置,了解它们的操作方法和安全注意事项。

(4) 化学工程实验不同于其他基础实验,化学工程实验一般由多人合作进行。因此实验前必须做好分组工作,进行小组讨论,确定实验方案、操作步骤,明确每一个组员的岗位,各司其职,分别承担操作、现象观察、读取数据、记录数据等任务。也可在不同情况下互换岗位,使每一个学生对实验的全过程都能够较详细地了解,并得到很好的操作训练。

(5) 要求写出实验预习报告。实验预习报告包括以下内容:实验目的和内容;实验原理和方案;实验装置及流程图(包括实验装置的名称、规格与型号等);实验操作步骤及实验数据的布点;设计好原始数据的记录表格。实验预习报告不应照抄实验教材的有关内容,而应通过对实验教材有关内容的理解用自己的语言写出。

实验前,学生应将实验预习报告交给实验课指导教师,获准后方能参加实验。无预习报告或预习报告不合格者,不得参加实验。

(二) 实验课中的实际操作(包括实验数据的测定与记录)

(1) 实验开始前,学生必须仔细检查实验装置和测试仪器及仪表是否完整,并按要求进行实验前准备工作。准备完毕后,经实验课指导教师检查,得到允许后,方能进行实验。

(2) 实验进行过程中,操作要认真、细致,尤其对精密实验装置,一定要按操作规程操作。如果发现实验装置和测试仪器及仪表有故障,学生必须立即向实验课指导教师报告,未经教师许可,不得擅自拆卸。

(3) 用准备好的完整的原始数据记录表(表上应有各项物理量的名称、符号和计量单位)记录,不应随便用一张纸。记录时除记录测取的数据外,还应记录室温、大气压等数据。

(4) 实验时要待操作状态稳定后才开始读取数据。条件改变后,也要待稳定一段时间后读取数据,以排除因测试仪器测试滞后现象所导致的读数不准现象。

(5) 同一测试条件下读取数据至少应两次,而且只有当两次数据接近时才能改变操作条件,继续下一点测定。

(6) 每个数据记录后,应该立即复核,以免发生读错或写错数据等事故。读取后面的数据既要和前面的数据相比较,又要和相关数据相对照,以便分析其相互关系及数据变化趋势是否合理。若发现不合理情况,应研究其产生的原因,并解决之。

(7) 数据记录必须真实地反映仪表的精度,一般应记录至仪表最小分度以下一位数。

(8) 实验中如果出现不正常情况以及数据有明显误差,应在备注栏中加以说明。

(9) 实验课是重要的实践性环节,要积极开动脑筋,深入思考,善于发现问题和解决问题。

(10) 实验结束后,将实验装置和测试仪器恢复原状,桌面和周围地面整理干净,关好水、电和煤气,并把原始实验记录本交实验课指导教师审阅签字。经教师检查同意后,方可离开实验室。

(三) 实验报告的编写

按照一定的格式和要求表达实验过程和结果的文字材料称为实验报告,它是所做实验的全面总结和系统概括,是实验课不可缺少的一个重要环节。一份优秀的实验报告必须简明扼要,过程清楚,数据完整,结论正确,有分析、有讨论。报告必须图文并茂,所得出的公式、图形有较好的参考价值,与理论公式、理论曲线有较好的吻合性。编写实验报告的过程,是对所测定的数据加以处理,对所观察的现象加以分析,从中找出客观规律和内在联系的过程。如果做了实验而不写报告,就等于有始无终,半途而废。因此,进行实验并认真写出实验报告,对于理科大学生来讲,无疑是一种必不可少的重要的基础训练。这种训练也为今后写好科技论文或研究报告打下基础。

完整的实验报告一般应包括以下几方面内容。

1. 实验报告名称

实验报告名称,又称标题,列在实验报告的最前面。实验报告名称应该简洁、鲜明、准确。字数要尽量少,要一目了然,能恰当地反映实验内容。如《离心泵特性曲线的测定》《反应精馏法制乙酸乙酯》《超滤法分离明胶蛋白水溶液》。

2. 实验报告人及同组成员的姓名

3. 实验目的

简要地说明为什么要进行本实验,实验要解决什么问题。例如,《不锈钢筛板塔精馏实验》的实验目的:"① 了解连续精馏塔的基本结构及流程;② 掌握连续精馏塔的操作方法;③ 学会板式精馏塔全塔效率和单板效率的测定方法;④ 确定不同回流比对精馏塔效率的影响;⑤ 了解气相色谱仪及其使用方法或与本实验相关的其他分析方法(例如折光率法)。"

4. 实验原理

简要地说明实验所依据的基本原理,包括实验所涉及的主要概念,实验所依据的重要定律、公式以及据此推算的重要结果。要求准确、充分。

5. 实验装置及工艺流程示意图

简要画出实验装置及工艺流程示意图和各测试点的位置,标出设备、仪器、仪表及调节阀的标号,在流程图的下面要写出图名及与各标号相对应的设备、仪器、仪表等的名称。

6. 实验方法与步骤

根据实际操作程序,按时间的先后划分为几个步骤,并在前面依次加上(1)、(2)、(3)……以使条理更为清晰。对于操作过程的说明应简明扼要。

对于容易引起危险,损坏设备、仪器以及一些对实验结果影响比较大的操作,应在注意事项中说明,以引起注意。

7. 实验数据

包括与实验结果有关的全部数据,即原始数据(教师已签字的)、计算数据和结果数据。

8. 数据计算示例

以某一组原始数据为例,把各项计算过程列出,以说明数据整理表中的结果是如何得到的。

9. 实验结果

针对实验目的和要求,根据实验数据,明确提出实验结论。实验数据可以采用图示法、列表法或经验公式法来表示。

10. 思考题

实验教材中所提出的若干思考题是本实验所需要掌握的一些要点,学生在实验报告中要认真解答。

11. 实验结果的分析与讨论

实验结果的分析与讨论十分重要，是学生理论水平的具体体现，也是对实验方法和结论进行的综合分析研究。分析与讨论的范围应该只限于与本实验有关的内容。分析与讨论的内容包括：从理论上对实验所得的结论进行分析和解释，说明其必然性；对实验中的异常现象进行分析与讨论；分析误差的大小和原因，考虑如何提高测量精度；本实验结果在理论和生产实践中的价值和意义；由实验结果可提出进一步的研究方向；根据实验过程对实验方法、实验装置提出合理的改进及建议等。

实验一　能量转换（伯努利方程）演示实验

一、实验目的

(1) 观察不可压缩流体在导管内流动时的各种形式机械能的相互转化现象。

(2) 验证机械能衡算方程，即伯努利(Bernoulli)方程。

(3) 加深对流体流动过程基本原理的理解。

二、实验原理

不可压缩流体在导管内作定常流动，系统与环境又无功的交换时，若以单位质量流体为衡算基准，则对确定的系统即可列出机械能衡算方程：

$$gZ_1 + \frac{P_1}{\rho} + \frac{1}{2}u_1^2 = gZ_2 + \frac{P_2}{\rho} + \frac{1}{2}u_2^2 + \sum h_f \quad (\mathrm{J \cdot kg^{-1}}) \qquad (2.1.1)$$

若以单位质量流体为衡算基准时，则又可表达为

$$Z_1 + \frac{P_1}{\rho g} + \frac{u_1^2}{2g} = Z_2 + \frac{P_2}{\rho g} + \frac{u_2^2}{2g} + \sum H_f \quad (\text{m 液柱}) \qquad (2.1.2)$$

式中：Z—流体的位压头，m 液柱；

P—流体压强，Pa；

u—流体平均流速，$\mathrm{m \cdot s^{-1}}$；

ρ—流体密度，$\mathrm{kg \cdot m^{-3}}$；

$\sum h_f$— 流动系统内因阻力造成的能量损失，$\mathrm{J \cdot kg^{-1}}$；

$\sum H_f$— 流动系统内因阻力造成的压头损失，m 液柱。

下标 1 和 2 分别为系统的进口和出口两个截面。

不可压缩流体的机械能衡算方程，应用于各种具体情况下可作适当简化，例如：

(1) 当流体为理想液体时，式(2.1.1)和式(2.1.2)可简化为

$$gZ_1 + \frac{P_1}{\rho} + \frac{1}{2}u_1^2 = gZ_2 + \frac{P_2}{\rho} + \frac{1}{2}u_2^2 \quad (\mathrm{J \cdot kg^{-1}}) \tag{2.1.3}$$

$$Z_1 + \frac{P_1}{\rho g} + \frac{u_1^2}{2g} = Z_2 + \frac{P_2}{\rho g} + \frac{u_2^2}{2g} \quad (\text{m 液柱}) \tag{2.1.4}$$

该式即为伯努利方程。

(2) 当液体流经的系统为一水平装置的管道时，式(2.1.1)和式(2.1.2)又可简化为

$$\frac{P_1}{\rho} + \frac{1}{2}u_1^2 = \frac{P_2}{\rho} + \frac{1}{2}u_2^2 + \sum h_f \quad (\mathrm{J \cdot kg^{-1}}) \tag{2.1.5}$$

$$\frac{P_1}{\rho g} + \frac{u_1^2}{2g} = \frac{P_2}{\rho g} + \frac{u_2^2}{2g} + \sum H_f \quad (\text{m 液柱}) \tag{2.1.6}$$

(3) 当流体处于静止状态时，式(2.1.1)和式(2.1.2)又可分别简化为

$$gZ_1 + \frac{P_1}{\rho} = gZ_2 + \frac{P_2}{\rho} \tag{2.1.7}$$

$$Z_1 + \frac{P_1}{\rho g} = Z_2 + \frac{P_2}{\rho g} \tag{2.1.8}$$

或者可将式(2.1.8)改写为

$$P_2 - P_1 = \rho g(Z_1 - Z_2) \tag{2.1.9}$$

这就是流体静力学基本方程。

三、实验装置

本实验装置主要由高位槽(稳压溢流水槽)、低位槽、实验导管、测压管和离心泵组成。

实验导管为一水平装置的变径圆管，沿程分四处设置测压管和一个文氏流量计。每处测压管内有一对并列的测压管，分别测量该截面处的静压头和冲压头。

该装置可演示流体在管内流动时静压能、动能、位能相互之间的转换关系，通过能量之间变化了解流体在管内流动时其流体阻力的表现形式；可直接观测到流体经过扩大、收缩管段时，各截面上静压头的变化过程。

(1) 图 2.1.1 为实验设备流程示意图；图 2.1.2 为实验测试导管管路结构尺寸标绘图。

(2) 实验设备主要技术参数如下：

主体设备离心泵：型号 WB50/025

低位槽尺寸(mm)：880×370×550　材料：不锈钢

高位槽尺寸(mm)：445×445×730　材料：有机玻璃

(3) 实验导管基本参数如下：

A 截面的直径	14 mm
B 截面直径	28 mm
C 截面、D 截面直径	14 mm(以标尺的零刻度为零基准面)
D 截面中心距基准面	$Z_D = 140$ mm
A 截面和 D 截面间距离	110 mm
A,B,C 截面	$Z_A = Z_B = Z_C = 250$ mm(即标尺为 250 mm)

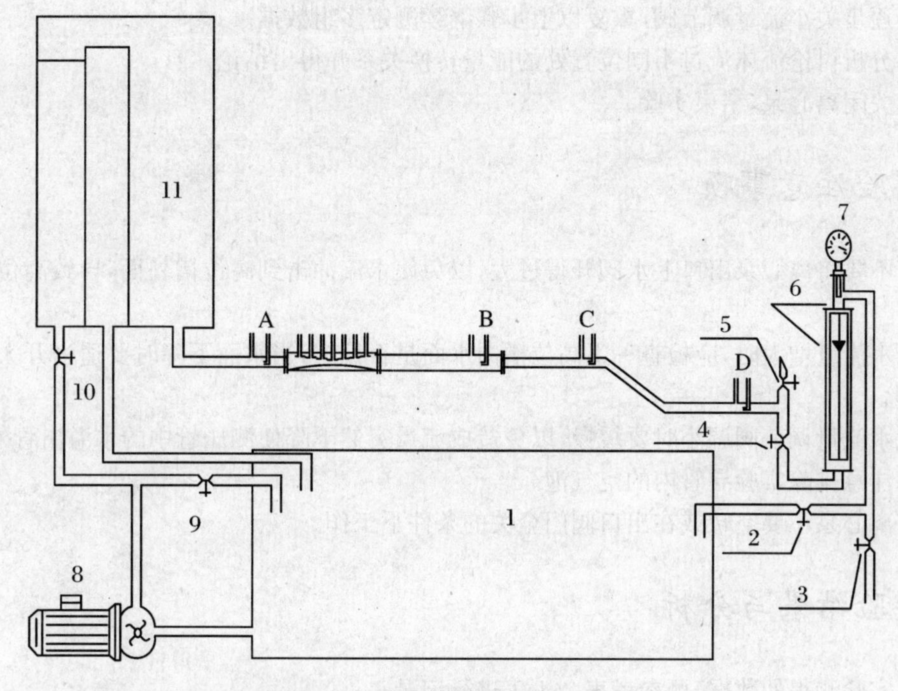

图 2.1.1 能量转换实验流程示意图

1. 水箱； 2. 回水阀； 3. 排水阀； 4. 流量调节阀； 5. 排气阀； 6. 流量计； 7. 温度计；
8. 离心泵； 9. 循环水阀； 10. 上水阀； 11. 高位水箱

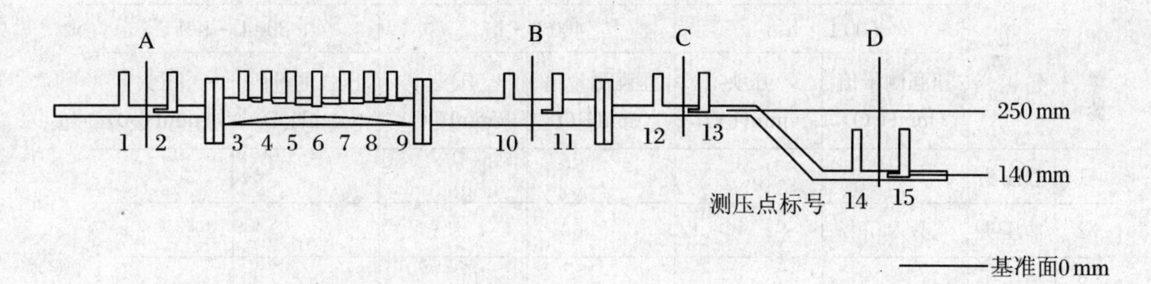

图 2.1.2 实验测试导管管路图

1～15. 测压点标号

四、实验步骤

(1) 将低位槽灌入一定量的蒸馏水，关闭离心泵出口上水阀及实验测试导管出口流量调节阀、排气阀、排水阀，打开回水阀和循环水阀后启动离心泵。

(2) 逐步开大离心泵出口上水阀，当高位槽溢流管有液体溢流后，利用流量调节阀调节出水流量。稳定一段时间。

(3) 待流体稳定后读取并记录各点数据。

(4) 逐步关小流量调节阀,重复以上步骤继续测定多组数据。

(5) 分析讨论流体流过不同位置处的能量转换关系并得出结论。

(6) 关闭离心泵,结束实验。

五、实验注意事项

(1) 不要将离心泵出口上水阀开得过大,以免使水流冲击到高位槽外面,导致高位槽液面不稳定。

(2) 水流量增大时,应检查一下高位槽内水面是否稳定,当水面下降时要适当开大上水阀补充水量。

(3) 水流量调节阀调小时要缓慢,以免造成流量突然下降使测压管中的水溢出管外。

(4) 注意排除实验导管内的空气泡。

(5) 离心泵不要空转或在出口阀门全关的条件下工作。

六、实验结果与分析

(1) 实验测得的数据,可参考表 2.1.1 进行记录。

表 2.1.1 实验数据表

		流 量 500 L·h^{-1}		流 量 400 L·h^{-1}		流 量 300 L·h^{-1}	
		压强测量值（mmH_2O）	压头（mmH_2O）	压强测量值（mmH_2O）	压头（mmH_2O）	压强测量值（mmH_2O）	压头（mmH_2O）
1	静压头						
2	冲压头						
3	静压头						
4	静压头						
5	静压头						
6	静压头						
7	静压头						
8	静压头						
9	静压头						
10	静压头						
11	冲压头						

续表

		流　量		流　量		流　量	
		500 L·h^{-1}		400 L·h^{-1}		300 L·h^{-1}	
		压强测量值（mmH_2O）	压头（mmH_2O）	压强测量值（mmH_2O）	压头（mmH_2O）	压强测量值（mmH_2O）	压头（mmH_2O）
12	静压头						
13	冲压头						
14	静压头						
15	冲压头						

（2）冲压头分析。

冲压头为静压头与动压头之和。从实验中观测冲压头从测压点 2 至 13 截面上的冲压头依次变化情况，试计算阻力损失 $H_{f,2\sim13}$（用冲压头计算）。

（3）同一水平面时截面间静压头分析。

对于截面 1 至 10，虽然两截面处于同一水平位置，但是两截面的流速发生了变化。试说明：动静压头与动压头的减小以及两截面间的压头损失的关系。

（4）不同水平面截面间静压头分析。

截面 12 至 14 的水平面发生了变化，但是两测压管的截面积相等即动压头相同。试分析：位能和阻力损失对静压头的影响。

（5）压头损失的计算。

以出口阀全开时从 C 到 D 的压头损失和 $H_{f,C\sim D}$ 为例。对 C，D 两截面间列伯努利方程：

$$\frac{p_C}{\rho g}+\frac{u_C^2}{2g}+Z_C=\frac{p_D}{\rho g}+\frac{u_D^2}{2g}+Z_D+H_{f,C\sim D}$$

压头损失的算法之一是用冲压头来计算：

$$H_{f,C\sim D}=\left[\left(\frac{p_C}{\rho g}+\frac{u_C^2}{2g}\right)-\left(\frac{p_D}{\rho g}+\frac{u_D^2}{2g}\right)\right]+(Z_C-Z_D)$$

压头损失的算法之二是用静压头来计算（$u_C=u_D$）：

$$H_{f,C\sim D}=\left(\frac{p_C}{\rho g}-\frac{p_D}{\rho g}\right)+(Z_C-Z_D)$$

如两种计算方法所得结果基本一致，说明所得实验数据是正确的。

（6）文丘里测量段分析。

本实验测量段 3～9 为文丘里管路。3～6 横截面积依次减小，6～9 横截面积依次增大。测量点 6 为喉径，横截面积最小。通过测量数据分析流速的变化即静压能与动压能直接的相互转化，进一步了解文丘里流量计的构造及工作原理。

七、思考题

（1）为什么实验前要排除管路、测压管中的气泡？

（2）请简单列举1～2个机械能相互转换的实例。

实验二　节流式流量计性能的测定

一、实验目的

（1）了解孔板、文丘里流量计的构造、原理、性能及使用方法。
（2）掌握流量计的标定方法。
（3）测定节流式流量计的流量系数 C，掌握流量系数 C 随雷诺数 Re 的变化规律。
（4）学习合理选择坐标系的方法。
（5）学习对实验数据进行误差估算的具体方法。

二、实验原理

流体通过节流式流量计时在流量计上、下游两取压口之间产生压强差，它与流量有如下关系：

$$V_s = CA_0\sqrt{\frac{2(P_{上} - P_{下})}{\rho}} \tag{2.2.1}$$

采用正U形管压差计测量压差时，流量 V_s 与压差计读数 R 之间关系为

$$V_s = CA_0\sqrt{\frac{2gR(\rho_A - \rho)}{\rho}} \tag{2.2.2(a)}$$

式中：V_s—被测流体（水）体积流量，$m^3 \cdot s^{-1}$；
C—流量系数（或称孔流系数），无因次；
A_0—流量计最小开孔截面积，$A_0 = (\pi/4)d_0{}^2$，m^2；
$P_{上} - P_{下}$—流量计上、下游两取压口之间压差，Pa；
ρ—水密度，$kg \cdot m^{-3}$；
ρ_A—U 形管压差计内指示液（汞）密度，$kg \cdot m^{-3}$；
R—U 形管压差计读数，m。

式（2.2.2（a））也可以写成如下形式：

$$C = \frac{V_s}{A_0\sqrt{\frac{2gR(\rho_A - \rho)}{\rho}}} \tag{2.2.2(b)}$$

若采用倒置U形管测量压差

$$P_{上} - P_{下} = gR\rho \tag{2.2.3}$$

则流量系数 C 与流量的关系为

$$C = \frac{V_s}{A_0\sqrt{2gR}} \tag{2.2.4}$$

用体积法测量流体的流量 V_s，可由式(2.2.5)、式(2.2.6)计算：

$$V_s = \frac{V}{10^3 \times \Delta t} \tag{2.2.5}$$

$$V = \Delta h \times A \tag{2.2.6}$$

式中：V_s—水体积流量，$m^3 \cdot s^{-1}$；

Δt—计量桶接收水所用时间，s；

A—计量桶计量系数；

Δh—计量桶液面计终了时刻与初始时刻高度差，$\Delta h = h_2 - h_1$，mm；

V—在 Δt 时间内计量桶接收水量，L。

改变一个流量在压差计上有一对应的读数，将压差计读数 R 和流量 V_s 绘制成一条曲线即流量标定曲线。同时用式(2.2.2(b))或式(2.2.4)整理数据可进一步得到流量系数 C -雷诺数 Re 的关系曲线：

$$Re = \frac{du\rho}{\mu} \tag{2.2.7}$$

式中：d—实验管直径，m；

u—水在管中的流速，$m \cdot s^{-1}$。

三、实验装置

(1) 本实验装置有两套，一套流量计为孔板流量计，另一套为文丘里流量计。其流程示意如图 2.2.1 所示。用离心泵 3 将贮水槽的水直接送到实验管路中，经流量计后到回水桶 11，最后返回贮水槽。测量流量时把出口管移到计量桶 8，用秒表测定收集一定体积水所用的时间，用离心泵出口的流量调节阀 4 来调节水的流量，流量计上、下游压强差的测量采用汞-水 U 形管 6 或水-空气倒置 U 形管压差计 7。

(2) 设备主要技术数据如下。

① 主体设备离心泵：

离心泵：

型号	WB－35－40－B
转速	$n = 2\,800\ r \cdot min^{-1}$
流量	$Q = 8\ m^3 \cdot h^{-1}$
扬程	$H = 12\ m$
实验管路内径	$d = 26.0\ mm$

② 流量测量：

孔板流量计孔径	$d_0 = 15.0\ mm$
或文丘里流量计(喉径)	$d_0 = 15.0\ mm$

计量桶(包括液面计)：

孔板流量计装置的计量桶常数	$A = 0.108\,7\ L \cdot mm^{-1}$

或文丘里流量计装置的计量桶常数 $A=0.1051\ \text{L}\cdot\text{mm}^{-1}$

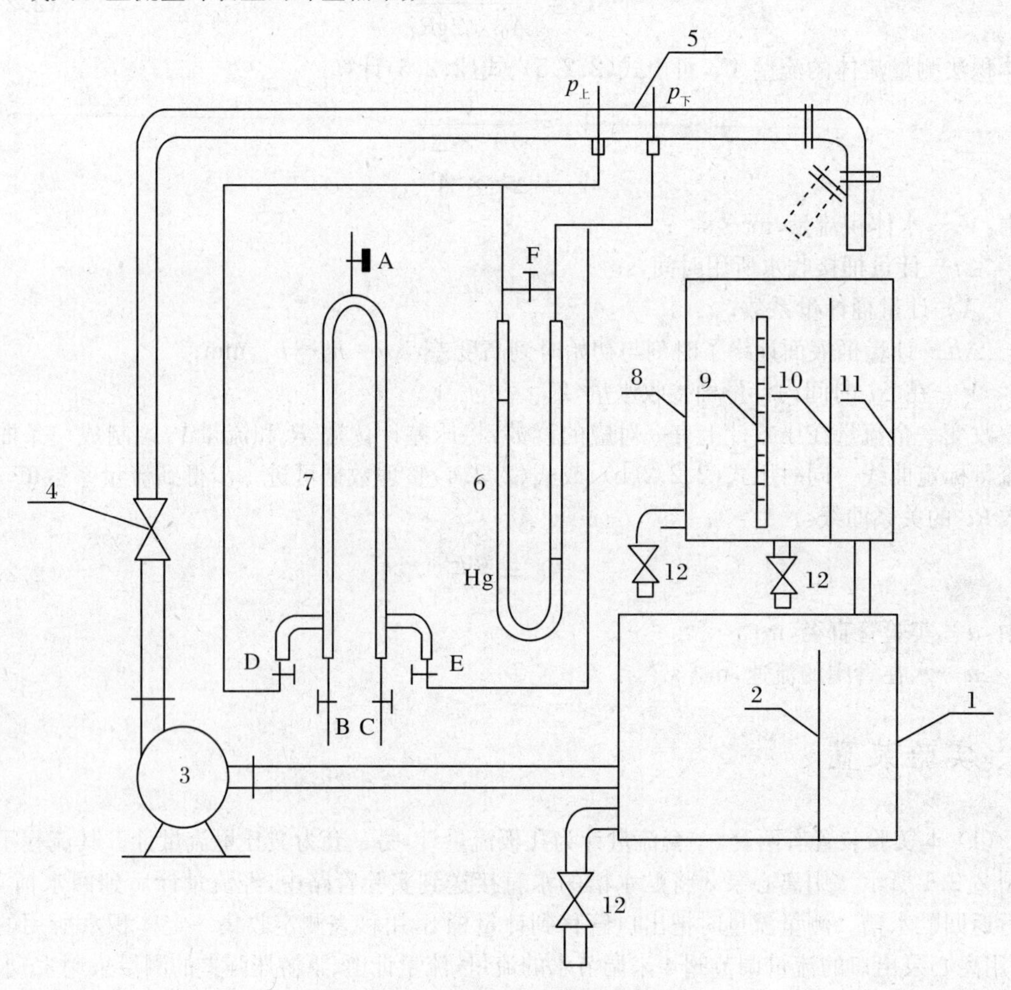

图 2.2.1 流量计性能测定实验流程

1. 贮水槽； 2. 溢流板； 3. 离心泵； 4. 流量调节阀； 5. 流量计(孔板或文丘里)； 6. U形管压差计； 7. 倒置U形管压差计； 8. 计量桶； 9. 液面计(带刻度)； 10. 挡板； 11. 回水桶； 12. 放水阀

四、实验步骤

(1) 启动离心泵前，首先检查流程中导压管内是否有气泡存在，检查办法是：

① 对于U形管压差计，可先夹紧平衡夹F，再看U形管压差的读数是否为零，若为零，说明其导压管内无气泡。

② 对于倒置U形管压差计，在夹紧夹子A的条件下，打开通取压口的夹子D，E，看倒置U形管的读数是否为零，若为零，说明其导压管内无气泡。

(2) 若导压管内有气泡存在，可按下述方法进行赶气操作：

夹紧夹子B，C，打开夹子D，E，A，将实验管内流量开至最大，让导压管中的水经夹子A处流出，以便将导压管中所积存的气泡带走。若认为气泡已排尽，则夹紧夹子D，E，此时倒置

U形管内充满水，必须将其中的部分水放出，形成气、水柱。办法是缓缓地打开夹子B，同时注视着从夹子A处开始下降的液面，当此液面下降至倒置U形管中高度的重点附近时，夹紧夹子B，对于夹子C一侧按同样的方法处理，最后夹紧顶端的夹子A。然后关闭流量调节阀4，打开通取压口的夹子D，E，看倒置U形管的读数是否为零，若为零说明气泡已赶尽了。

(3) 打开汞-水U形管压差计的平衡夹F，关闭泵流量调节阀4，启动离心泵。

(4) 夹紧平衡夹F，按流量从小到大的顺序进行实验，即测流量计两侧压差计读数R，同时用体积法测量水的流量。流量较小时，流量计两侧的压差用倒置U形管压差计进行测量；而流量较大，流量计两侧压差将要大于倒置U形管的量程时，改用汞-水U形管压差计进行测量，此时务必将倒置U形管的夹子D，E关死。

测定水的体积流量用计量桶8和秒表。为减小测量误差，应先将计量桶内的水面放至最低位置，然后关闭放水阀12，记录此时液面计内的液面高度h_1。然后让可摆动的出水管指向计量桶，同时按动秒表开始计时，待液面计内的水面上升至550 mm左右时，忽然让可摆动的出水管指向回水桶，同时按下秒表停止计时。记录停止计时后液面计内静止的液面高度h_2，液面从h_1升至h_2所用的时间Δt。

(5) 实验结束后，关闭泵出口流量调节阀4，停泵。打开平衡夹F和倒置U形管测压口的夹子D，E。

五、实验注意事项

(1) 在启动离心泵之前，务必打开汞-水U形管压差计的平衡夹F，以避免发生跑汞现象。

(2) 测量时务必夹紧平衡夹F，另外用汞-水U形管压差计测量时，必须将倒置U形管通取压口的夹子D，E夹死。

(3) 为了了解小雷诺数Re下的流量系数C与雷诺数Re的关系，要求在做小流量实验时尽量用倒置U形管多测几组数据，流量计的压差计读数可小至20～30 mmH_2O。

(4) 在用计量桶测量流量时，让可摆动的出水管指向计量桶后，务必用手扶住出水管，以免因重力作用出水管自动摆向回水桶，测量产生较大的误差甚至失败。

(5) 用计量桶和秒表测量流量时，接水量必须足够大，使h_2-h_1和Δt均足够大，否则h_2-h_1和Δt测量值引起的误差变大，最后C值的误差也变大。

六、实验结果与分析

(1) 计算各流量下的流量系数C与雷诺数Re的数值。

(2) 在适当的坐标系上标绘流量计流量V_s与压差计读数R的关系曲线，即流量标定曲线，以及流量系数C与雷诺数Re的关系曲线。

(3) 对流量计流量系数C进行误差估算，指出误差的主要来源和改善措施。

(4) 本实验每个人只测一种流量计特性，但整理数据时，需要对其他流量计的特性进行比较。

七、思考题

(1) 为什么实验前应排除管路及导压管中积存的空气？如何排除？怎样检查空气已排尽了？

(2) 用水作为介质采用倒置U形管和U形管压差计并联来测量流量计两侧的压差，若U形管压差计读数为10 mm Hg - H_2O柱，问倒置U形管压差计读数为多少(mmH_2O)？

(3) 本实验流量计上、下游压差测量用汞-水U形管和水-空气倒置U形管压差计并联，为什么要这样安排？什么时候用倒置U形管？为什么？怎么用？

(4) 什么情况下的流量计需要标定？本实验是用哪一种方法进行标定的？

(5) U形管压差计装设的平衡夹有何作用？在什么情况下应开着？在什么情况下应夹死？

实验三　离心泵计算机数据采集和过程控制实验

一、实验目的

(1) 学会测定在一定转速下的离心泵特性。

(2) 掌握管路特性曲线的测定。

(3) 了解离心泵各项主要特性及其相互关系。

(4) 了解离心泵的构造、安装流程、正常操作过程以及操作原理。

二、实验原理

离心泵主要特性参数有流量、扬程、功率和效率。这些参数不仅表征泵的性能，也是选择和正确使用泵的主要依据。

1. 泵的流量 Q

泵的流量即泵的送液能力，是指单位时间内泵所排出的液体体积。泵的流量可直接由涡轮流量计直接读出，单位为 $m^3 \cdot h^{-1}$。

2. 泵的扬程 H

泵的扬程即总压头，表示单位重量液体从泵中所获得的机械能。

在泵的吸入口和压出口之间列伯努利方程：

$$Z_{入} + \frac{P_{入}}{\rho g} + \frac{u_{入}^2}{2g} + H = Z_{出} + \frac{P_{出}}{\rho g} + \frac{u_{出}^2}{2g} + H_{f(入-出)} \tag{2.3.1}$$

$$H = (Z_{出} - Z_{入}) + \frac{P_{出} - P_{入}}{\rho g} + \frac{u_{出}^2 - u_{入}^2}{2g} + H_{f(入-出)} \tag{2.3.2}$$

式(2.3.1)和式(2.3.2)中 $H_{f(入-出)}$ 是泵的吸入口和压出口之间管路内的流体流动阻力，与伯努利方程中其他项比较，$H_{f(入-出)}$ 值很小，故可忽略。于是式(2.3.2)变为

$$H = (Z_{出} - Z_{入}) + \frac{P_{出} - P_{入}}{\rho g} + \frac{u_{出}^2 - u_{入}^2}{2g} \tag{2.3.3}$$

将测得的 $Z_{出} - Z_{入}$ 和 $P_{出} - P_{入}$ 的值以及计算所得的 $u_{入}$，$u_{出}$ 代入式(2.3.3)，即可求得 H 值，单位为 m。

式中：$Z_{出} - Z_{入}$—两测压点之间高度差，本装置为 0.225 m；

$P_{入}$—由真空表测得真空度，MPa；

$P_{出}$—由压力表测得表压强，MPa；

$u_{入}$—泵入口测压点处速度，$m \cdot s^{-1}$；

$u_{出}$—泵出口测压点处速度，$m \cdot s^{-1}$；

ρ—水密度，$kg \cdot m^{-3}$。

流速 u 与流量之间的关系为

$$u = \frac{Q}{\left(\frac{\pi}{4}\right) d^2} \times 3\,600$$

3. 泵的轴功率 N

由电机输入泵轴的功率称为泵的轴功率，单位为 W 或 kW。功率表测得的功率为电动机的输入功率。由于泵由电动机直接带动，传动效率可视为 1，所以电动机的输出功率等于泵的轴功率。即

泵的轴功率 N = 电动机输出功率　(kW)

电动机输出功率 = 电动机输入功率 × 电动机效率

泵的轴功率 = 功率表读数 × 电动机效率　(kW)

4. 泵的效率 η

泵的效率可由测得的泵有效功率 N_e 和泵的轴功率 N 计算得出，即

$$\eta = \frac{N_e}{N} \tag{2.3.4}$$

$$N_e = \frac{HQ\rho}{102} \quad (\text{kW}) \tag{2.3.5}$$

式中：η—泵效率；

N—泵轴功率，kW；

N_e—泵有效功率，kW；

H—泵扬程，m；

Q—泵流量，$m^3 \cdot h^{-1}$；

ρ—水密度，$kg \cdot m^{-3}$。

5. 泵的特性曲线

上述各项泵的特性参数并不是孤立的，而是相互制约的。因此，为了准确全面地表征离心泵的性能，需在一定转速下，将实验测得的各项参数 H，N，η 与 Q 之间的变化关系标绘成一组曲线。这组关系曲线称为离心泵特性曲线，如图 2.3.1 所示。通过离心泵特性曲线，我们对离

心泵的操作性能有一个完整的概念，并由此可确定泵的最适宜操作状况。

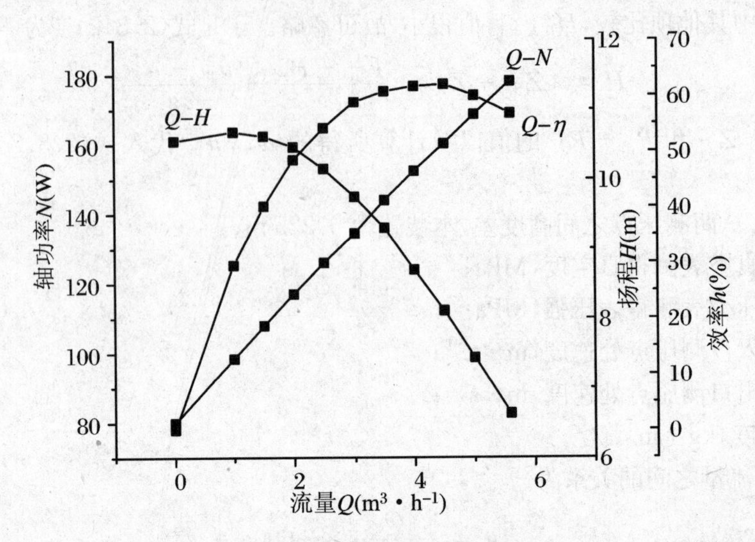

图 2.3.1 离心泵特性曲线

通常，离心泵在恒定转速下运转，因此泵的特性曲线是在一定转速下测得的。若改变了转速，泵的特性曲线也将随之而异。泵的流量 Q、扬程 H 和有效功率 N_e 与转速 n 之间，大致存在如下比例关系：

$$\frac{V_s}{V_s'} = \frac{n}{n'};\quad \frac{H_e}{H_e'} = \left(\frac{n}{n'}\right)^2;\quad \frac{N_e}{N_e'} = \left(\frac{n}{n'}\right)^3 \tag{2.3.6}$$

6. 管路特性曲线

每种型号的离心泵，在一定转速下都有其自身固有的特性曲线。但当离心泵安装在特定管路系统中操作时，实际的工作压头和流量不仅遵循特性曲线上二者的对应关系，而且还受管路特性所制约。

离心泵在管路中正常运行时，泵所提供的流量和压头应与管路系统所要求的数值一致。此时，安装于管路中的离心泵必须同时满足管路特性方程与泵的特性方程，即：

管路特性方程（H_e与 Q_e的关系曲线）

$$H_e = K + GQ_e^2 \tag{2.3.7}$$

泵的特性方程（H 与 Q 的关系曲线）

$$H = f(Q) \tag{2.3.8}$$

联解上述两方程即可得到两特性曲线的交点，对所选定的泵以一定的转速在此管路系统中操作时，只能在此点工作。在此点，$H = H_e$，$Q = Q_e$。

三、实验装置

本实验装置利用循环水系统，采用电动调节阀调节流量，完成离心泵在一定转速下特性曲线的测定；通过改变功率显示表 SV 处数据改变变频器频率，测定并绘制离心泵在不同转速时（或流量调节阀不同开度下）管路的特性曲线；通过计算机数据采集和控制操作，了解其基本原理和实现方法。

1. 离心泵性能测定流程

离心泵性能测定流程示意图如图2.3.2所示，仪表面板示意图如图2.3.3所示。

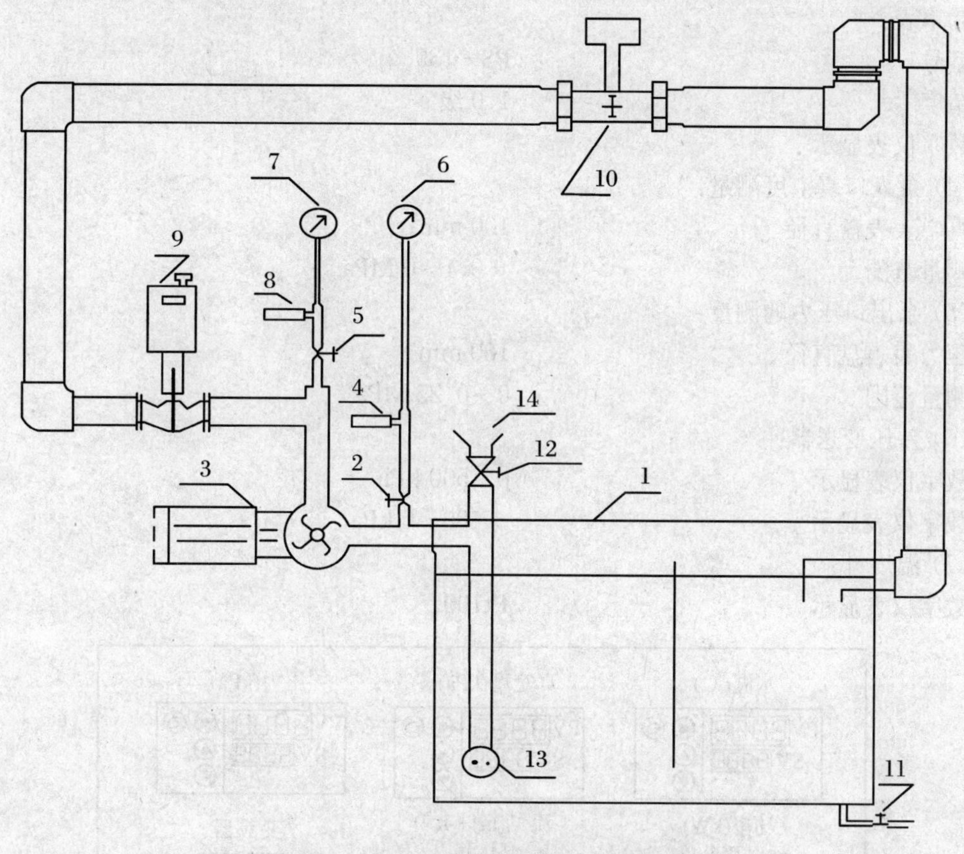

图2.3.2　离心泵性能测定流程示意图

1. 水箱；2. 泵入口真空表控制阀；3. 离心泵；4. 泵入口压力传感器；5. 泵出口压力表控制阀；6. 泵入口真空表；7. 泵出口压力表；8. 泵出口压力传感器；9. 电动流量调节阀；10. 涡轮流量计；11. 水箱排水阀；12. 灌水控制阀门；13. 底阀；14. 灌水口

2. 实验设备主要技术参数

(1) 设备参数如下：

离心泵型号　WB70/055

真空表测压位置管内径　$d_{入}=0.036\ m$

压强表测压位置管内径　$d_{出}=0.042\ m$

真空表与压强表测压口之间垂直距离　$h_0=0.225\ m$

实验管路　$d=0.040\ m$

电机效率　60%

(2) 流量测量：

涡轮流量计：

型号　LWY－40C

量程 $0\sim20\ m^3\cdot h^{-1}$

数字仪表显示

(3) 功率测量:

功率表:

型号 PS-139

精度 1.0级

数字仪表显示

(4) 泵入口真空度测量:

真空表表盘直径 100 mm;

测量范围 $-0.1\sim0$ MPa

(5) 泵出口压力的测量:

压力表表盘直径 100 mm

测量范围 $0\sim0.25$ MPa

(6) 差压变送器:

数字仪表显示 $0\sim500$ kPa

数字仪表显示 $-100\sim0$ kPa

(7) 温度计:

数字仪表显示 Pt100

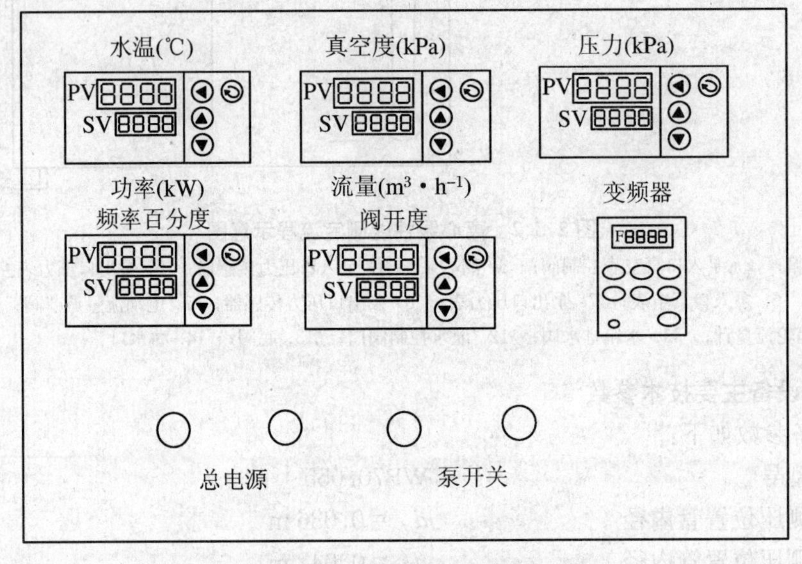

图 2.3.3 设备面板示意图

四、实验步骤

实验前检查电动流量调节阀9、压力表7及真空表6的控制阀门5和2是否关闭(应关闭),并向水箱1内注入蒸馏水。

1．手动操作(离心泵特性曲线)

（1）将真空表阀、压力表阀关闭，从灌水口14灌水直至水满为止。启动实验装置总电源，利用流量表将电动流量调节阀全关。(流量仪表SV窗显示M 0时，表示电动流量调节阀处于全关状态。功率表SV窗显示M 100。)

（2）打开离心泵电源开关，通过改变流量显示表SV处数据缓慢打开电动流量调节阀9至全开。

（3）待系统内流体流动稳定后，打开压力表7和真空表6的控制阀门5和2，即可开始测取数据。

（4）测取数据的顺序可从最大流量开始逐渐减小流量至0，或反之操作亦可。一般测取10～20组数据。

（5）测定数据时，一定要在系统稳定条件下进行记录，分别读取流量计、压力表、真空表、功率表及流体温度等数据并记录。

2．手动操作(管路特性曲线)

（1）将真空表阀、压力表阀关闭，从灌水口14灌水直至水满为止。启动实验装置总电源，利用流量表将电动流量调节阀全开。(流量仪表SV窗显示M 100时，表示电动流量调节阀处于全开状态。)

（2）打开离心泵电源开关，通过改变功率显示表SV处数据改变变频器频率，继而改变离心泵转速，实现管路数据的测定。

（3）待系统内流体流动稳定后，打开压力表7和真空表6的控制阀门5和2，即可开始测取数据。

（4）测取数据的顺序可从最大转速开始逐渐减小转速，或反之操作亦可。一般测取10～20组数据。

（5）测定数据时，一定要在系统稳定条件下进行记录，分别读取流量计、压力表、真空表、功率表及流体温度等数据并记录。

（6）实验结束时，关闭电动流量调节阀，停泵，切断电源。

3．计算机数据采集和控制操作

（1）打开电脑，找出应用程序并启动。

（2）将真空表阀、压力表阀关闭，从灌水口14灌水直至水满为止。启动实验装置总电源。

（3）利用程序启动离心泵(程序界面卧式离心泵开关上的绿色按键)，待系统内流体流动稳定后，打开压力表7和真空表6的控制阀门5和2。利用计算机程序自动控制开始实验，进行数据采集、数据处理及绘制图像。

（4）离心泵特性曲线测定时，点击“离心泵特性”按钮。管路特性曲线测定时，点击“管路特性”按钮。

（5）实际操作过程为：在手动控制界面下，在电动阀阀位调节窗中输入相应数值，按“流量调节”键(或在管路阀位控制界面的变频器频率调节窗口输入相应数值，按“频率调节”键)，则计算机程序会按所输入的数值进行自动调节，此时，测量仪表显示数值做出相应变化，待各测量仪表显示数值稳定后，按下“采集数据”键进行数据采集，所采集到的数据会在界面上方显示出来。一般采集10～20个数据。

(6) 待数据采集完毕后，选择“数据处理”中的“计算数据”程序，计算机系统将对所采集的数据进行计算处理，并将计算结果显示在表格中。计算结束后点击“绘制图像”程序，计算机系统会将计算结果的图像显示出来。

(7) 实验结束时，关闭流量调节阀，停泵，切断电源。

五、实验注意事项

(1) 该装置电路采用五线三相制配电，实验设备应良好接地。

(2) 使用变频调速器时一定注意FWD指示灯是亮的，切忌按 FWD REV 键，REV指示灯亮时电机将反转。

(3) 启动离心泵之前，一定要关闭压力表和真空表的控制开关5和2，以免离心泵启动时对压力表和真空表造成损害。

六、实验结果与分析

(1) 实验测得的数据，可参考表2.3.1和表2.3.2进行记录。

表 2.3.1 离心泵性能测定数据记录表

序号	入口压力 $P_{入}$ (MPa)	出口压力 $P_{出}$ (MPa)	电机功率 (kW)	流量 Q ($m^3 \cdot h^{-1}$)	$u_{入}$ ($m \cdot s^{-1}$)	$u_{出}$ ($m \cdot s^{-1}$)	压头 H (m)	泵轴功率 N (W)	η (%)
1									
2									
3									
4									
5									
6									
7									
8									
9									
10									

表 2.3.2 离心泵管路特性曲线

序号	电机频率（Hz）	入口压力 P_1（MPa）	出口压力 P_2（MPa）	流量 Q（$m^3 \cdot h^{-1}$）	$u_{入}$（$m \cdot s^{-1}$）	$u_{出}$（$m \cdot s^{-1}$）	压头 H（m）
1							
2							
3							
4							
5							
6							
7							
8							
9							
10							

（2）计算出在各测定流量下离心泵的扬程 H、轴功率 N、效率 η 值。

（3）在适当的坐标系上标绘出离心泵的特性曲线、管路特性曲线，并在此特性曲线上标出最佳工况参数，高效率区对应的 Q,H,η 的范围。（在最高效率的92%范围内。）

（4）将泵铭牌上标示的性能参数与实际测得的离心泵所对应的性能参数进行比较。

七、思考题

（1）你对离心泵的操作，如先充液，密封启动，在高效区操作如何理解？

（2）离心泵启动和关闭之前，为何要关闭出口阀？

（3）利用离心泵的出口阀调节流量的方法有什么优缺点？是否还有其他调节流量的方法？

（4）离心泵铭牌上的参数是在什么条件下的参数？

（5）为什么要在转速一定时测定离心泵的性能参数及特性曲线？有什么实际意义？

实验四 管道流体阻力的测定

一、实验目的

(1) 掌握测定摩擦系数 λ 和局部阻力系数 ζ 的方法。

(2) 了解流速对摩擦系数的影响。

(3) 了解造成局部阻力的复杂的原因及条件。

二、实验原理

当不可压缩流体在圆形导管中流动时,在管路系统中任意两个界面之间列出机械能衡算方程为

$$gZ_1 + \frac{P_1}{\rho} + \frac{u_1^2}{2} = gZ_2 + \frac{P_2}{\rho} + \frac{u_2^2}{2} + h_f \quad (\mathrm{J \cdot kg^{-1}}) \tag{2.4.1}$$

或

$$Z_1 + \frac{P_1}{\rho g} + \frac{u_1^2}{2g} = Z_2 + \frac{P_2}{\rho g} + \frac{u_2^2}{2g} + H_f \quad (\text{m 液柱}) \tag{2.4.2}$$

式中:Z—流体位压头,m 液柱;

P—流体压强,Pa;

u—流体平均流速,$\mathrm{m \cdot s^{-1}}$;

ρ—流体密度,$\mathrm{kg \cdot m^{-3}}$;

h_f—流动系统内因阻力造成的能量损失,$\mathrm{J \cdot kg^{-1}}$;

H_f—流动系统内因阻力造成的压头损失,m 液柱。

符号下标 1 和 2 分别表示上游和下游截面上的数值。

假若:

(1) 水作为实验物系,则水可视为不可压缩流体。

(2) 实验导管是按水平装置的,则 $Z_1 = Z_2$。

(3) 实验导管的上下游截面上的横截面积相同,则 $u_1 = u_2$。

因此式(2.4.1)和式(2.4.2)分别可简化为

$$h_f = \frac{p_1 - p_2}{\rho} \quad (\mathrm{J \cdot kg^{-1}}) \tag{2.4.3}$$

$$H_f = \frac{p_1 - p_2}{\rho g} \quad (\text{m 水柱}) \tag{2.4.4}$$

由此可见,因阻力造成的能量损失(压头损失),可由管路系统的两界面之间的压力差(压头差)来测定。

当流体在圆形直管内流动时，流体因摩擦阻力所造成的能量损失（压头损失），有如下一般关系式：

$$h_f = \frac{p_1 - p_2}{\rho} = \lambda \cdot \frac{l}{d} \cdot \frac{u^2}{2} \quad (\mathrm{J \cdot kg^{-1}}) \tag{2.4.5}$$

或

$$H_f = \frac{p_1 - p_2}{\rho g} = \lambda \cdot \frac{l}{d} \cdot \frac{u^2}{2g} \quad (\mathrm{m}\,\text{液柱}) \tag{2.4.6}$$

式中：d—圆形直管直径，m；

l—圆形直管长度，m；

λ—摩擦系数（无因次）。

大量实验研究表明：摩擦系数 λ 与流体的密度 ρ、黏度 μ、管径 d、流速 u 和管壁粗糙度 ε 有关。应用因次分析的方法，可以得出摩擦系数与雷诺数和管壁相对粗糙度 ε/d 存在函数关系，即

$$\lambda = f\left(Re, \frac{\varepsilon}{d}\right) \tag{2.4.7}$$

通过实验测得 λ 和 Re 数据可以在双对数坐标上标绘出实验曲线。当 $Re < 2\,000$ 时，摩擦系数 λ 与管壁粗糙度 ε 无关。当流体在直管中呈湍流时，λ 不仅与雷诺数有关，而且与管壁相对粗糙度有关。

当流体流过管路系统时，因遇各种管件、阀门和测量仪表等而产生局部阻力，所造成的能量损失（压头损失），有如下一般关系式：

$$h'_f = \zeta \frac{u^2}{2} \quad (\mathrm{J \cdot kg^{-1}}) \tag{2.4.8}$$

或

$$H'_f = \zeta \frac{u^2}{2g} \quad (\mathrm{m}\,\text{液柱}) \tag{2.4.9}$$

式中：u—连接管件等的直管中流体平均流速，$\mathrm{m \cdot s^{-1}}$；

ζ—局部阻力系数（无因次）。

由于造成局部阻力的原因和条件极为复杂，各种局部阻力系数的具体数值，都需要通过实验直接测定。

三、实验装置

本实验装置主要由循环水系统（或高位稳压水槽）、实验管路系统和高位排气水槽串联组合而成，每条测试管的测压口通过转换阀组与压差计连通。

压差由一倒置 U 形水柱压差计显示。孔板流量计的读数由另一倒置 U 形水柱压差计显示。该装置的流程如图 2.4.1 所示。

实验管路系统是由五条玻璃直管平行排列，经 U 形弯管串联而成。每条直管上分别配置光滑管、粗糙管、骤然扩大与缩小管、阀门和孔板流量计。每根实验管测试段长度，即两测压口距离均为 0.6 m。流程图中标出符号 G 和 D 分别表示上游测压口（高压侧）和下游测压口（低

压侧)。测压口位置的配置,须保证上游测压口距U形弯管接口的距离,以及下游测压口距造成局部阻力处的距离,均大于50倍管径。

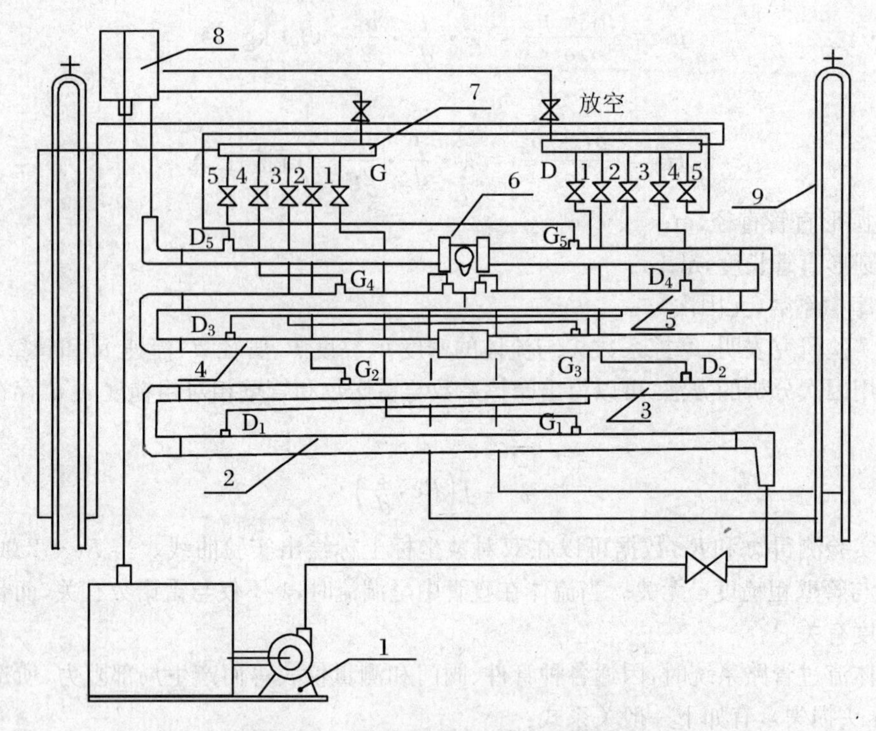

图 2.4.1 管路流体阻力实验装置流程

1. 循环水泵; 2. 光滑实验管; 3. 粗糙实验管; 4. 扩大与缩小实验管;
5. 孔板流量计; 6. 阀门; 7. 转换阀组; 8. 高位排气水槽

自来水作为实验用水,由循环水槽或循环水泵送入实验管路系统,由下而上依次流经各种流体阻力实验管,最后流入高位排气水槽。由高位排气水槽流出的水,返回循环水槽。

水在实验管路中的流速,通过调节阀加以调节。流量由实验管路中的孔板流量计测量并由压差计显示读数。

四、实验步骤

实验前准备工作需按如下步骤顺序进行操作:

(1) 先将水灌满循环水槽,然后关闭实验导管入口的调节阀,再启动循环水泵。待泵运转正常后,先将实验导管中的旋塞阀全部打开,并关闭转换阀组中的全部旋塞,然后缓慢开启实验导管的入口调节阀。当水流满整个实验导管,并在高位排气水槽中有溢流水排出时,关闭调节阀,停泵。

(2) 检查循环水槽中的水位,一般需要再补充些水,防止水面低于泵吸入口。

(3) 逐一检查并排除实验导管和连接管线中可能存在的空气泡。排除空气泡的方法是,先将转换阀组中被检一组测压口旋塞打开,然后打开倒置U形水柱压差计顶部的放空阀,直至排净空气泡再关闭放空阀。必要时可在流体流动状态下,按上述方法排除空气泡。

（4）调节倒置 U 形压差计的水柱高度。先将转换阀组上的旋塞全部关闭，然后打开压差计顶部放空阀，再缓慢开启转换阀组中的放空阀，这时压差计中液面徐徐下降。当压差计中的水柱高度居于标尺中间部位时，关闭转换阀组中的放空阀。为了便于观察，在临实验前，可由压差计顶部的放空处，滴入几滴红墨水，将压差计水柱染红。

（5）在高位排气水槽中悬挂一支温度计，用以测量水的温度。

（6）实验前需对孔板流量计进行标定，作出流量标定曲线。

实验测定时，按如下步骤进行操作：

（1）先检查实验导管中旋塞是否置于全开位置，其余测压旋塞和实验系统入口调节阀是否全部关闭。检查完毕启动循环水泵。

（2）待泵运转正常后，根据需要缓慢开启调节阀调节流量，流量大小由孔板流量计的压差计显示。

（3）待流量稳定后，将转换阀组中与需要测定管路相连的一组旋塞置于全开位置。这时测压口与倒置 U 形水柱压差计接通，即可记录由压差计显示的压强降。

（4）改变流量，重复上述操作。

（5）当需改换测试部位时，只需将转换阀组由一组旋塞切换为另一组旋塞。例如，将 G1 和 D1 一组旋塞关闭，打开另一组 G2 和 D2 旋塞。这时，压差计与 G1 和 D1 测压口断开，而与 G2 和 D2 测压口接通，压差计显示读数即为第二支测试管的压强降，测得各种实验导管中不同流速下的压强降。依次类推。

（6）当测定旋塞在同一流量不同开度的流体阻力时，由于旋塞开度变小，流量必然会随之下降，为了保持流量不变，需将入口调节阀作相应调节。

（7）每测定一组流量与压降数据，同时记录水的温度。

五、实验注意事项

（1）实验前务必将系统内存留的气泡排除干净，否则实验不能达到预期效果。

（2）若实验装置放置不用时，尤其是冬季，应将管路系统和水槽内的水排放干净。

六、实验结果与分析

（1）实验基本参数：

实验导管的内径　$d = 17$ mm

实验导管的测试段长度　$l = 600$ mm

粗糙管的粗糙度　$\varepsilon = 0.4$ mm

粗糙管的相对粗糙度　$\varepsilon / d = 0.0235$

孔板流量计的孔径　$d_0 = 11$ mm

旋塞的孔径　$d_v = 12$ mm

孔流系数　$C_0 = 0.6613$

（2）流量标定曲线。

(3) 实验数据测量。

实验测得数据可参考表 2.4.1 进行记录与分析。

表 2.4.1 实验数据记录表

实验序号	
孔板流量计的压差计读数 R(mmHg)	
水的流量 V_s($m^3 \cdot s^{-1}$)	
水的温度 T(℃)	
水的密度 ρ($kg \cdot m^{-1}$)	
水的黏度 μ(Pa·s)	
光滑管压头损失 H_{f1}(mmH_2O)	
粗糙管压头损失 H_{f2}(mmH_2O)	
旋塞压头损失(全开)H'_{f2}(mmH_2O)	
孔板流量计压头损失 H''_{f2}(mmH_2O)	
水的流速 μ($m \cdot s^{-1}$)	
雷诺准数 Re(—)	
光滑管摩擦系数 λ_1(—)	
粗糙管摩擦系数 λ_2(—)	
孔板流量计局部阻力系数 ζ''_1(—)	
旋塞的局部阻力系数 ζ_1(—)	

(4) 标绘 $Re-\lambda$ 实验曲线。

七、思考题

(1) 测试中为什么需要湍流?

(2) 流量调节过程中为什么倒 U 形压差计两支管中液位上下移动的距离不像 U 形压差计那样对等升降?

实验五 板式塔连续精馏实验

一、实验目的

(1) 了解连续精馏塔的基本结构及流程。

(2) 掌握连续精馏塔的操作方法,并能够排除精馏塔内出现的异常现象。

(3) 学会板式精馏塔全塔效率和单板效率的测定方法。

(4) 确定不同回流比对精馏塔效率的影响。

二、实验原理

精馏是分离过程的重要单元操作,广泛用于化工和其他工业部门。连续精馏塔有板式塔和填料塔两大类。在板式塔连续精馏过程中,由塔釜产生的蒸汽沿塔逐板上升与来自塔顶逐板下降的回流液在塔板上多次部分汽化部分冷凝,进行传热与传质,使混合液达到一定程度的分离。

1. 全塔效率 E_T

全塔效率又称总板效率,是指达到指定分离效果所需理论板数与实际板数的比值,即

$$E_T = N_T / N_p$$

式中:N_T—塔内所需理论板数;

N_p—塔内实际板数。

板式塔内各层塔板上的气液相接触效率并不相同,全塔效率简单地反映了整个塔内所有塔板的平均效率,它反映了塔板结构,物质性质、操作状况对塔分离能力的影响,一般需要由实验测定。式中 N_T,可由已知的双组分物系平衡关系,通过实验测得塔顶产品组成 x_D、料液组成 x_F,热状态 q,残液组成 x_W,回流比 R 等,即能用图解法求得,N_p 为已知,所以总板效率可以求出。

2. 单板效率

E_M是指气相或液相经过一层实际塔板前后的组成变化与经过一层理论塔板前后的组成变化的比值。按气相组成变化表示的单板效率为

$$E_{MV} = \frac{y_n - y_{n+1}}{y_n^* - y_{n+1}}$$

按液相组成的单板效率为

$$E_{ML} = \frac{x_{n-1} - x_n}{x_{n+1} - x_n^*}$$

式中:y_n^*—与 x_n 平衡的气相组成;

x_n^*—与 y_n 平衡的液相组成。

三、实验装置

装置流程示意图和仪器面板示意图见图 2.5.1 和图 2.5.2。

本实验所用的精馏塔为筛板塔,全塔共有 10 块塔板,由不锈钢板制成。塔身由内径为 50 mm的不锈钢管制成,第二段和第十段采用耐热玻璃材质,便于观察塔内气、液相流动状况。其余塔段做有保温材料。降液管由外径为 8 mm 的不锈钢管制成。筛孔直径为 2 mm。塔内装有铂电阻温度计,用来测定塔内气相温度。塔顶物料蒸气和塔底产品在管外冷凝并冷却,

管内通冷却水。塔釜采用电加热。

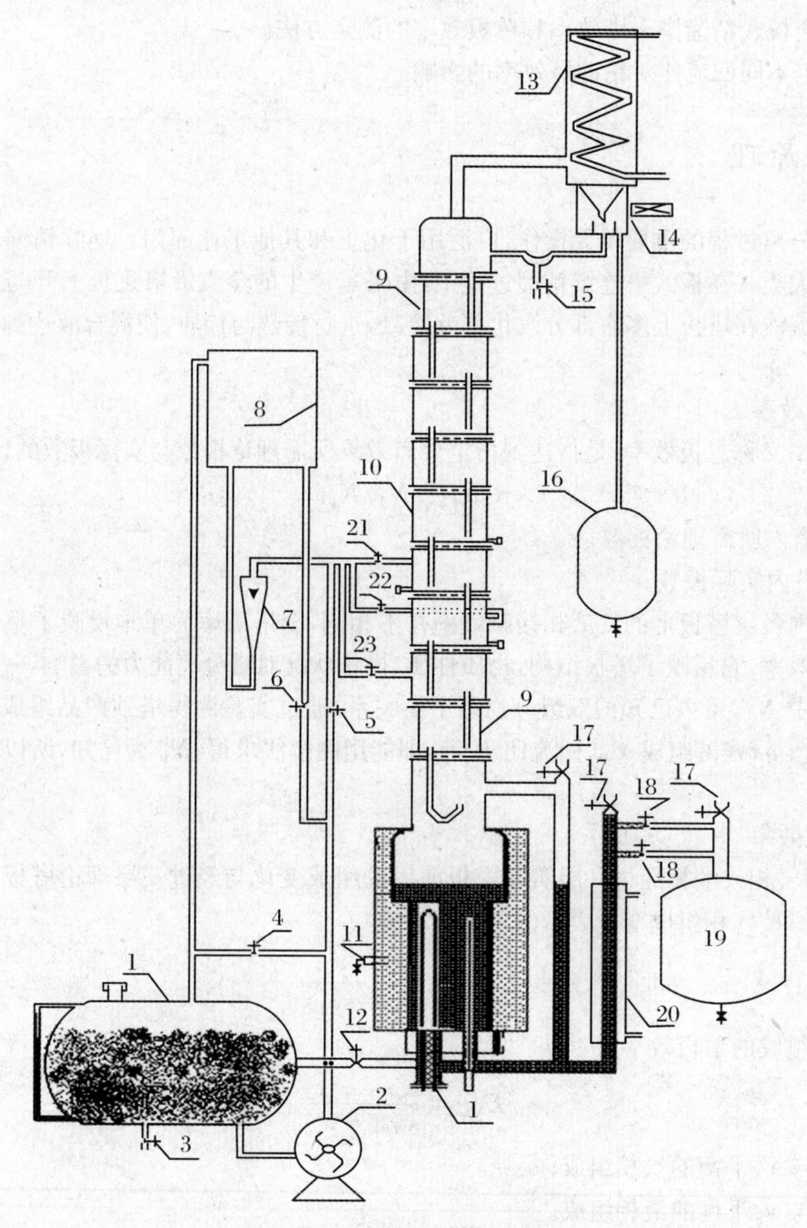

图 2.5.1 精馏实验装置流程图

1. 储料罐； 2. 进料泵； 3. 放料阀； 4. 料液循环阀； 5. 直接进料阀； 6. 间接进料阀； 7. 流量计； 8. 高位槽； 9. 玻璃观察段； 10. 精馏塔； 11. 塔釜取样阀； 12. 釜液放空阀； 13. 塔顶冷凝器； 14. 回流比控制器； 15. 塔顶取样阀； 16. 塔顶液回收罐； 17. 放空阀； 18. 塔釜出料阀； 19. 塔釜储料罐； 20. 塔釜冷凝器； 21. 第七块板进料阀； 22. 第八块板进料阀； 23. 第九块板进料阀

混合液体由储料罐经进料泵、进料阀直接(由高位槽转子流量计计量)进入塔内。塔釜装有液位计用于观察釜内存液量。塔底产品经过冷却后经由平衡管流出。回流比调节器用来控制回流比,馏出液储罐接收馏出液。回流比控制采用电磁铁吸合摆针方式来实现。精馏实验中，用乙醇/水体系，原料组成为15%～20%（V体积分数，后同），塔顶馏出物乙醇浓度达94%～95%（V），塔釜残液乙醇浓度为2%～3%（V）。

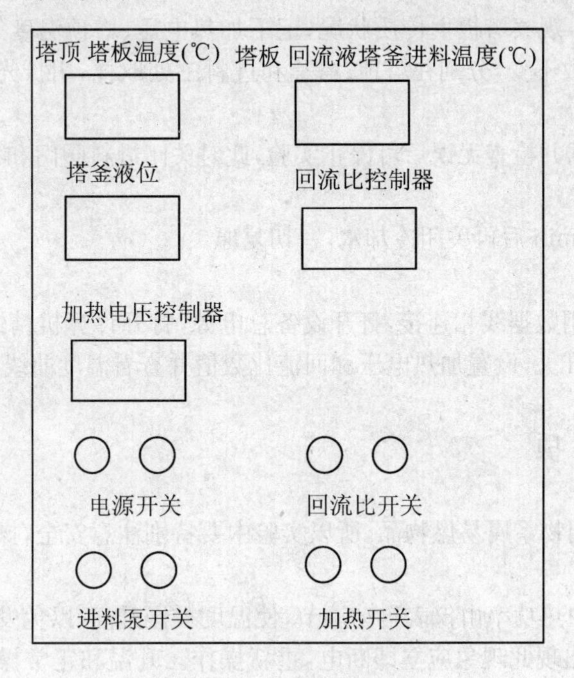

图2.5.2　仪器面板示意图

四、实验步骤

(1) 将与阿贝折光仪配套使用的超级恒温水浴（阿贝折光仪和超级恒温水浴用户自备）调整运行到所需的温度，并记录这个温度。

(2) 配制一定浓度（质量浓度20%左右）的乙醇-正丙醇或乙醇-水混合液（总容量15 L左右），倒入储料罐。

(3) 打开直接进料阀门和进料泵开关，向精馏釜内加料到指定高度（冷液面在塔釜总高2/3处），而后关闭进料阀门和进料泵。

全回流操作如下：

① 打开塔顶冷凝器进水阀门，保证冷却水足量。

② 记录室温。接通总电源开关（220 V）。

③ 调节加热电压约为130 V，待塔板上建立液层后再适当加大电压，使塔内维持正常操作。

④ 当各块塔板上鼓泡均匀后，保持加热釜电压不变，在全回流情况下稳定20 min左右。期间要随时观察塔内传质情况直至操作稳定。

⑤ 分别在塔顶、塔釜取样口同时取样，通过阿贝折射仪分析样品浓度，记录温度。

部分回流操作如下：

① 打开间接进料阀门和进料泵，调节转子流量计，以2.0～3.0 $L \cdot h^{-1}$的流量向塔内加

料，用回流比控制调节器调节回流比为 $R=4$，馏出液收集在塔顶液回收罐中。

② 塔釜产品经冷却后由溢流管流出，收集在容器内。

③ 待操作稳定后，观察塔板上传质状况，记下加热电压、塔顶温度等有关数据，整个操作中维持进料流量计读数不变，分别在塔顶、塔釜和进料三处取样，用折光仪分析其浓度并记录下进塔原料液的温度。

(4) 取好实验数据并检查无误后可停止实验，此时关闭进料阀门和加热开关，关闭回流比调节器开关。

(5) 停止加热 10 min 后再关闭冷却水，一切复原。

计算机操作如下：

将计算机和设备用数据线相连接，打开设备总电源，打开计算机精馏程序，用程序控制加热、进料泵、回流比的开关，设置加热电压和回流比数值并查看温度曲线。

五、实验注意事项

(1) 由于实验所用物系属易燃物品，所以实验中要特别注意安全，操作过程中避免洒落以免发生危险。

(2) 本实验设备加热功率由仪表自动调节，使温度缓慢升高，以免发生暴沸(过冷沸腾)使釜液从塔顶冲出。若出现此现象应立即断电，重新操作。升温和正常操作过程中釜的电功率不能过大。

(3) 操作前，要先接通冷却水再向塔釜供热。

(4) 检测浓度使用阿贝折光仪。读取折光指数时，一定要同时记录测量温度并按给定的折光指数-质量百分浓度-测量温度关系测定相关数据。

(5) 为便于对全回流和部分回流的实验结果(塔顶产品质量)进行比较，应尽量使两组实验的加热电压及所用料液浓度相同或相近。连续实验时，应将前一次实验时留存在塔釜、塔顶、塔底产品接收器内的料液倒回原料液储罐中循环使用。

六、思考题

(1) 测定全回流与部分回流时的总板效率(或等板高度)与单板效率，各需测取哪几个参数？取样位置应在何处？

(2) 得到板式塔上的第 n，$n-1$ 层塔板上的液样组成后，如何求得 x_n^*？部分回流时，又如何求 x_n^*？

(3) 在全回流时，测得板式塔上第 n，$n-1$ 层塔板上的液样组成后，能否求出 n 层塔板上的以气相组成变化表示的单板效率 E_{MV}？

(4) 查取进料的汽化潜热时，定性温度取何值？

(5) 若测得单板效率超过 100%，作何解释？

实验六　板式塔流动特性实验

一、实验目的

(1) 观察塔板上的气液接触方式、操作状况及变化规律。

(2) 测定两流体在塔板上的流动特性，掌握板式塔流动特性的实验研究方法。

(3) 了解板式塔的结构、性能及适宜操作范围。

二、实验原理

当气体通过塔板时，因阻力造成的压强降 Δp 应为气体通过干塔板的压力降 Δp_d 与气体通过塔板上液层的压力降 Δp_1 之和，即

$$\Delta p = \Delta p_d + \Delta p_1 \tag{2.6.1}$$

干板压力降又可表达为如下关系式：

$$\Delta p_d = \zeta \cdot \frac{\rho_g u_a^2}{2} \quad (\text{Pa}) \tag{2.6.2(a)}$$

或

$$\Delta h = \frac{\Delta p_d}{\rho_1 g} = \zeta \cdot \frac{\rho_g}{\rho_1} \cdot \frac{u_0^2}{2g} \quad (\text{m 液柱}) \tag{2.6.2(b)}$$

式中：u_a—气体通过筛孔或阀孔时速度，$m \cdot s^{-1}$；

$\rho_g \rho_1$—气体和液体密度，$kg \cdot m^{-3}$；

ζ—干板阻力系数；

u_0—气体空塔速度，$m \cdot s^{-1}$。

对于筛孔塔板，干板压降 Δp_d 与筛孔速度 u_a 的变化关系可由实验直接测定，并可在双对数坐标上给出一条直线。实验曲线如图 2.6.1 所示，并可由此曲线拟合得出干板阻力系数 ζ 值。

气体通过塔板上液层的压力降 Δp_1 主要是由克服液体表面张力和液层重力所造成的。液层压力降 Δp_1 可简单地表示为

$$\Delta p_1 = \Delta p - \Delta p_d = \varepsilon h_f \rho_1 g \quad (\text{Pa}) \tag{2.6.3(a)}$$

或

$$\Delta h_f = \Delta h - \Delta h_d = \varepsilon h_f \quad (\text{m 液柱}) \tag{2.6.3(b)}$$

式中：h_f—塔板上液层高度，相当于溢流堰的高度 h_w 与堰上液面高度 h_{ow} 之和，m。

ε—比例系数。该比例系数常称为充气系数(或发泡系数)。

气体通过湿塔板的总压力降 Δp 和塔板上液层的状况，将随着气流速度的变化而发生如

下阶段性的变化，如图 2.6.2 所示。

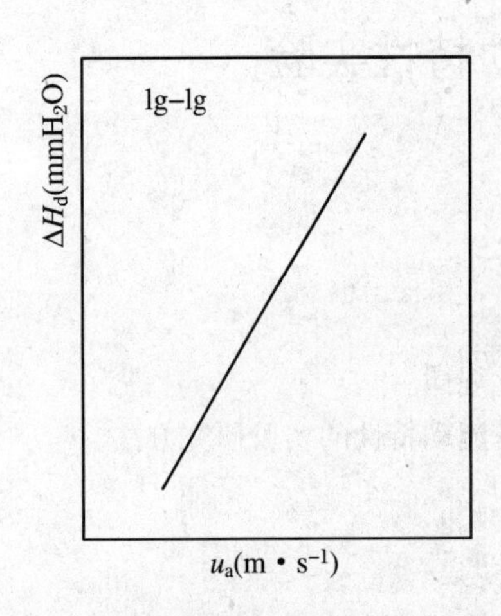

图 2.6.1　筛孔塔板干板压头降 Δh_d 与筛孔速度 u_a 之间的关系

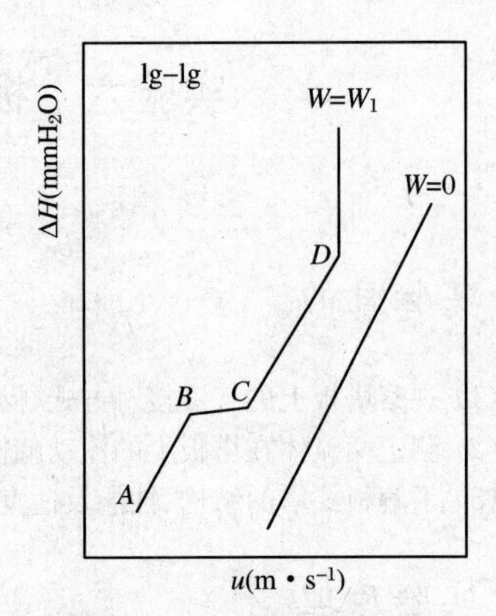

图 2.6.2　板式塔的 Δh 与空塔速度的关系曲线

（1）当气流速度较小时，塔板上未能形成液层，液体全部由筛孔漏下。在这阶段，塔板的压力降随气速增大而增大。

（2）当气流速度增大到某一数值时，气体开始拦截液体，使塔板上开始积存液体而形成液层。该转折点称为拦液点，如图 2.6.2 中 A 点。这时气体的空塔速度称为拦液速度。

（3）当气流速度略微增加时，塔板上积液层将很快上升到溢流堰的高度，塔板压力降也随之急剧增大。当液体开始由溢流堰溢出时，为另一个转折点，如图 2.6.2 中 B 点。这时，仍有部分液体从筛孔中泄漏下去。自该转折点之后，随着气流速度增大，液体的泄漏量不断减少，而塔板压力降却变化不大。

（4）当气流速度继续增大到某一数值时，液体基本上停止泄漏，则称该转折点为泄漏点，如图中 C 点。自 C 点以后，塔板的压力降随气速的增加而增大。

（5）当气速高达某一极限值时，塔板上方的雾沫挟带将会十分严重或者发生液泛。自该转折点（如图 2.6.2 中 D 点）之后，塔板压降会随气速迅速增大。

塔板上形成稳定液层后，塔板上气液两相的接触和混合状态，也将随着气速的改变而发生变化。当气速较小时，气体以鼓泡方式通过液层。随着气速增大，鼓泡层逐渐转化为泡沫层，并且在液面上形成的雾沫层也将随之增大。

对传质效率有着重要作用的因素是充气液层的高度及其结构。充气液层的结构通常用其平均密度大小来表示。如果充气液层的气体质量相对于液体质量可略而不计，则

$$h_f\rho_f = h_L\rho_L \tag{2.6.4}$$

式中：h_f，h_L—充气液层和静液层高度，m；

ρ_f，ρ_L—充气液层平均密度和静液层密度，$kg \cdot m^{-3}$。

若将充气液层的平均密度与静液层的密度之比定义为充气液层的相对密度，即

$$\phi = \frac{\rho_f}{\rho_L} = \frac{h_L}{h_f}$$

则单位体积充气液层中滞留的气体量，即持气量可按下式计算：

$$V_g = \frac{h_f - h_L}{h_f} = 1 - \phi \quad (m^3 \cdot m^{-3}) \tag{2.6.5}$$

单位体积充气液层中滞留的液体量，即持液量又可按下式计算：

$$V_L = \frac{h_L}{h_f} = \phi \quad (m^3 \cdot m^{-3}) \tag{2.6.6}$$

气体在塔板上液层中的平均停留时间为

$$t_g = \frac{h_f S(1-\phi)}{V_s} = \frac{h_L}{u}\left(\frac{1-\phi}{\phi}\right) \quad (s) \tag{2.6.7}$$

液体在塔板上的平均停留时间为

$$t_L = \frac{h_f \cdot S \cdot \phi}{L_s} = \frac{h_L \cdot S}{L_s} = \frac{h_L}{W} \quad (s) \tag{2.6.8}$$

式中：S—空塔横截面积，m^2；

W—喷淋密度，$m^3 \cdot m^{-2} \cdot h^{-1}$；

V_s—气体体积流率，$m^3 \cdot s^{-1}$；

L_s—液体体积流率，$m^3 \cdot s^{-1}$。

显然，气体和液体在塔板上的停留时间对塔板效率有着显著的影响。

塔板的压力降和气液两相的接触与混合状态不仅与气流的空塔速度有关，还与液体的喷淋密度、两相流体的物理化学性质和塔板的型号与结构（如开孔率和溢流堰高度）等因素有关。这些复杂关系只有通过实验进行测定，才能掌握其变化规律。对于确定型号和结构的塔板，则可通过实验测定来寻求其适宜操作区域。

三、实验装置

实验装置筛板塔，采用单层塔板和外溢流结构，如图 2.6.3 所示。

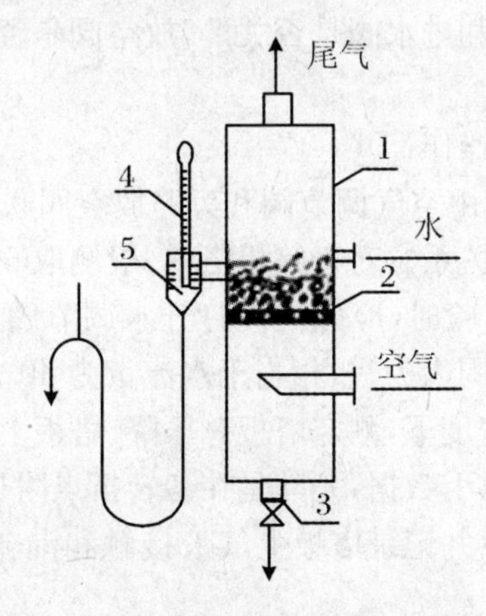

图 2.6.3　筛板塔

1. 塔体；　2. 筛孔塔板；　3. 漏液排放口；　4. 温度计；　5. 溢流装置

实验装置流程如图 2.6.4 所示。水自高位槽,通过转子流量计,由塔板上方一侧的进水口进入,并由塔板上另一侧溢流堰溢入溢流装置。通过塔板泄漏的液体,可由塔底排放口排出。来自空气源的空气,通过流量调节阀和孔板流量计进入塔底。通过塔板的尾气由塔顶排出。气体通过塔板的压力降由压差计显示。

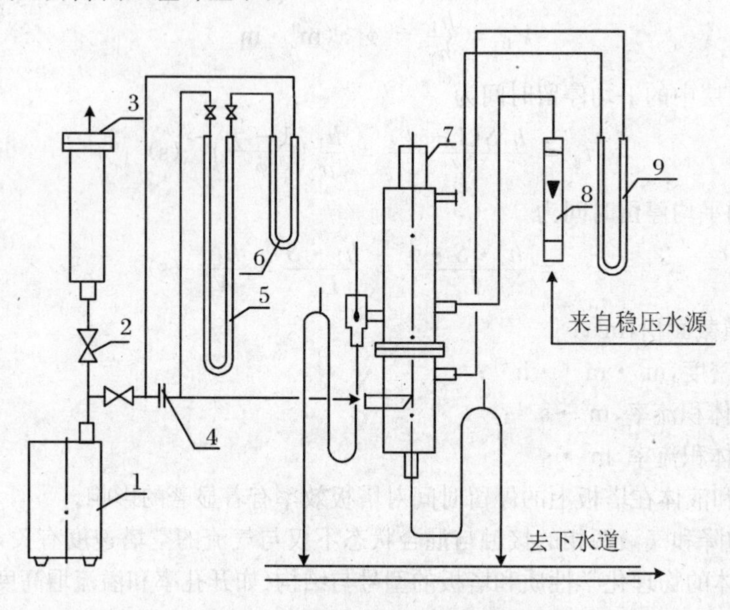

图 2.6.4 板式塔实验装置流程图

1. 空气源; 2. 放空阀; 3. 消声器; 4. 孔板流量计; 5. 水柱压差计; 6. 汞柱压差计; 7. 板式塔; 8. 转子流量计; 9. 水柱压差计

四、实验步骤

实验前,先检查空气调节阀和进水阀是否关严,放空阀是否全部开启。然后将高位水槽充满水,并保持适当的溢流量。

实验时,可按如下步骤进行操作:

(1) 启动空气源。空气流量由空气调节阀和旁路放空阀联合调节。通过不断改变气体流量,测定干板压降与气速的变化关系。对于筛板塔,一般测取 5~6 组数据即可。

(2) 当进行塔板流动特性实验时,应先缓慢打开水调节阀,调定水的喷淋密度(一般喷淋密度在 5~10 $m^3 \cdot m^{-2} \cdot h^{-1}$范围内为宜,相当于水流量为 40~80 $L \cdot h^{-1}$),然后再按上述方法调节空气流量。在一定喷淋密度下,测定塔板总压降、塔板上充气液层高度等数据。在全部量程范围内,一般需测取 15 组以上数据,尤其是在各转折点附近,空塔速度变化的间隔应小一些为宜。实验过程中要仔细观察并记录塔板上气液接触和混合状态的发展变化过程,特别要注意各阶段的转折点。

实验结束时,先完全打开旁路放空阀,再将空气调节阀关严,记下静液层高度,再关闭水,最后关掉空气源的电源,再关闭高位槽的进水阀门和水调节阀。

五、实验注意事项

(1) 空气源切不可在所有出口全部关闭下启动和运行，以防烧坏设备。空气源的启动和空气流量的调节，必须严格按上述操作步骤，用旁路阀和调节阀联合调节。

(2) 实验过程中，应密切注意高位水槽的液面和溢流水量，需要根据实验时水流量的变化，随时调节自来水的进水量。

六、实验结果与分析

(1) 测量并记录实验设备及操作的基本参数。

① 设备结构参数如下：

筛板塔规格：

塔的内径　$d = 100$ mm

筛孔直径　$d_n = 2.7$ mm

筛孔数目　$n = 91$ 个

筛孔开孔率　$\phi = 6.6\%$

筛板厚度　$\delta = 1.2$ mm

溢流堰高度　$h_w = 40$ mm

孔板流量计：

锐孔直径　$d_0 = 10$ mm

管道直径　$d = 26$ mm

孔流系数　$C_0 = 0.61$ mm

② 操作参数如下：

室温　$T_a =$　℃

气压　$P_a =$　Pa

操作气压　$p =$　Pa

(2) 记录和整理实验数据。

① 干板实验数据记录见表 2.6.1。

塔板形式：________________

表 2.6.1　干板实验

实验序号		
空气温度 T_g(℃)		
空气密度 P_g(kg·m^{-3})		
空气流量	R(mmH$_2$O)	
	V_s(m^3·s^{-1})	

续表

实验序号		
空塔气速 U_0(m·s^{-1})		
孔气速 U_a(m·s^{-1})		
干板压降	Δh_d(mmH_2O)	
	Δp_d(Pa)	

② 塔板流动特性实验数据记录与处理见表 2.6.2 和表 2.6.3。

塔板形式：________________

表 2.6.2 塔板流动特性实验

实验序号		
水的温度 T_g(℃)		
水的流量 L_h(m^3·h^{-1})		
喷淋密度 W(m^3·m^{-2}·h^{-1})		
空气温度 T_g(℃)		
空气密度 P_g(kg·m^{-3})		
空气流量	R_d(mmH_2O)	
	V_s(m^3·s^{-1})	
空塔速度 U_0(m·s^{-1})		
单板压降	Δh(mmH_2O)	
	ΔP_d(Pa)	
静液层高度 h_1(mm)		
充气液层高度 h_f(mm)		
充气系数 ε(—)		

表 2.6.3 数据处理

实验序号	
持气量 V_g(m^3·m^{-3})	
持液量 V_L(m^3·m^{-3})	
气体平均停留时间 t_g(s)	
液体平均停留时间 t_e(s)	
塔板状况	

(3) 在双对数坐标纸上标绘出干板压降与筛孔速之间的关系曲线，并通过曲线拟合建立回归方程，求取干板阻力系数。

(4) 在双对数坐标纸上标绘出在某一喷淋密度下塔板压降与空塔速度之间的关系曲线，并标出各转折点的气流速度及适宜操作区域。

七、思考题

(1) 什么是筛板塔正常运行情况?

(2) 设计塔设备，主要计算何值? 由哪些因素确定?

实验七　连续填料精馏塔分离能力的测定

一、实验目的

(1) 本实验采用正庚烷-甲基环己烷理想二元混合液，乙醇-正丙醇二元混合液或乙醇-水二元混合液作为实验物系，在不同回流比下测定连续精馏塔的等板高度(当量高度)。并以精馏塔的利用系数作为优化目标，实验寻求精馏塔的最优操作条件。

(2) 通过实验观察连续精馏的操作状况，掌握实验室连续精密分馏的操作技术和实验研究方法，从而增进独立解决实验室精馏问题的实际能力，并了解填料塔的结构及操作，加深对连续精馏原理的理解。

二、实验原理

在工厂和实验室中，连续精馏塔的应用十分广泛。在定常状态下，采用连续精馏的方法分离均相混合液，以达到精制原料和产品之目的。连续精馏塔有板式塔和填料塔两大类。如何提高连续填料精馏塔的分离能力也是重要的研究课题之一。

影响连续填料精馏塔分离能力的因素众多，大致可归纳为三个方面：一是物性因素，如物系及其组成，气液两相的各种物理性质等；二是设备结构因素，如塔径与塔高，填料的形式、规格、材质和填充方法等；三是操作因素，如蒸气速度、进料状况和回流比等。在既定的设备和物系中主要影响分离能力的操作变量为蒸气上升速度和回流比。

在一定的操作气速下，表征在不同回流比下的填料精馏塔分离性能，常以每米填料高度所具有的理论塔板数，或者与一块理论塔板相当的填料高度，即等板高度(HETP)，作为主要指标。

在一定回流比下，连续精馏塔的理论塔板数可采用逐板计算法(Lewis - Matheson 法)或图解计算法(McCabe - Thiele 法)。

逐板计算法或图解计算法的依据，都是气液平衡关系式和操作线方程。后者只是采用绘图方法替代前者的逐板解析计算。但对相对挥发度小的物系，采用逐板计算法更为精确。采用计算机进行程序计算，尤为快速、简便。

精馏段的理论塔板数可按下列平衡关系式和精馏段操作线方程，进行逐板计算：

$$y_n = \frac{\alpha x_n}{1 + (\alpha - 1)x_n} \tag{2.7.1}$$

$$y_{n+1} = \frac{R}{R+1}x_n + \frac{x_d}{R+1} \tag{2.7.2}$$

提馏段的理论塔板数又需按上列平衡关系式和提馏段操作线方程进行逐板计算。提馏段操作线方程为

$$y_{m+1} = \frac{R + qR'}{(R+1) - (1-q)R'}x_m - \frac{R' - 1}{(R+1) - (1-q)R'}x_w \tag{2.7.3}$$

若进料液为泡点温度下的饱和液体，即进料中液相所占分率 $q = 1$，则提馏段操作线方程可简化为

$$y_{m+1} = \frac{R + R'}{R+1}x_m - \frac{R' - 1}{R+1}x_w \tag{2.7.4}$$

上列各式中：

y—蒸气相中易挥发组分含量，摩尔分率；

x—液相中易挥发组分含量，摩尔分率；

α—相对挥发度；

R'—回流比（回流液的摩尔流率与馏出液的摩尔流率之比，即 $R = F_1/F_d$）；

R—进料比（进料摩尔流率与馏出液摩尔流率之比，即 $R' = F_f/F_d$）；

n, m, d, f, w—精馏段塔板序号、提馏段塔板序号、馏出液、进料液、釜残液。

在全回流下，理论塔板数的计算可由逐板计算法导出的简单公式，即芬斯克（Fenske）公式进行计算，即

$$N_{T,0} = \frac{\ln\left[\left(\frac{x_d}{1 - x_d}\right)\left(\frac{1 - x_w}{x_w}\right)\right]}{\ln\alpha} - 1 \tag{2.7.5}$$

式中相对挥发度采用塔顶和塔的相对挥发度的几何平均值，即 $\alpha = \sqrt{\alpha_d \cdot \alpha_w}$。

在全回流或不同回流比下等板高度 h_e 可按下式计算：

$$h_{e,0} = \frac{h}{N_{T,0}} \tag{2.7.6}$$

$$h_e = \frac{h}{N_T} \tag{2.7.7}$$

式中：$N_{T,0}$—全回流下测得的理论塔板数；

N_T—部分回流下测得的理论塔板数；

h—填料层实际高度。

显然，理论塔板数或等板高度的大小受回流比的影响，在全回流下测得的理论塔板数最多，也即等板高度最小。为了表征连续精馏塔部分回流时的分离能力，有人曾提出采用利用系数作为指标。精馏塔的利用系数为在部分回流条件下测得的理论塔板数 N_T 与在全回流条件下测得的最大理论塔板数之比值，或者为上述两种条件下分别测得的等板高度之比值，即

$$K = \frac{N_T}{N_{T,0}} = \frac{h_e}{h_{e,0}} \tag{2.7.8}$$

这一指标不仅与回流比有关，而且还与塔内蒸气上升速度有关。因此，在实际操作中，应选择适当操作条件，以获得适宜的利用系数。

蒸气的空塔速度 u_0 可按下式计算：

$$u_0 = \frac{4(L_l + L_d)\rho_l}{\pi d^2 \rho_v} \quad (\mathrm{m \cdot s^{-1}}) \tag{2.7.9}$$

式中：L_l, L_d—回流液和馏出液流量，$m^3 \cdot s^{-1}$；

ρ_l, ρ_v—回流液和塔顶蒸气密度，$kg \cdot m^{-3}$；

d—精馏塔内径，m。

回流液和蒸气的密度可分别按下列公式计算：

$$\rho_l = \frac{1}{\frac{w_A}{\rho_A} + \frac{w_B}{\rho_B}} = \frac{M_A x_A + M_B(1 - x_A)}{\frac{M_A x_A}{\rho_A} + \frac{M_B(1 - x_A)}{\rho_B}} \tag{2.7.10}$$

$$\rho_v = \frac{P\overline{M}}{RT} = \frac{P[M_A x_A + M_B(1 - x_A)]}{RT}$$

式中：w_A, w_B—回流液（或馏出液）中易挥发组分 A、难挥发组分 B 质量分率；

ρ_A, ρ_B—组分 A 和 B 在回流温度下的密度，$kg \cdot m^{-3}$；

M_A, M_B——组分 A 和 B 摩尔质量，$kg \cdot mol^{-1}$；

x_A, x_B—回流液（或馏出液）中组分 A 和 B 的摩尔分率，对于二元物系 $x_B = 1 - x_A$；

P—操作压强，Pa；

T—塔内蒸气平均温度，K；

$\overline{M}$—塔内蒸气平均摩尔质量，$kg \cdot mol^{-1}$；

R—气体常数，$J \cdot mol^{-1} \cdot K^{-1}$。

三、实验装置

本实验装置由连续填料精馏塔和精馏塔控制仪两部分组成，实验装置流程如图 2.7.1 所示。

连续填料精馏塔由精馏塔、分馏头、再沸器、原料液预热器和进出料装置四部分组成。精馏塔直径为 25 mm，精馏段填充高度为 200 mm，提馏段填充高度为 150 mm。分馏头由冷凝器和电磁回流比调节器组成。再沸器（蒸馏釜）用透明电阻膜加热，容积为 500 mL。原料液预热器采用 U 形玻璃管并外敷设透明电阻膜的加热器。实验液进料和釜液出料采用平衡稳压装置。

精馏塔控制仪由四部分组成。光电釜压控制器用调节釜压的方法，调节再沸器的加热强度，用以控制蒸发量和蒸气速度。回流比调节器用以调节控制回流比。温度数字显示仪通过选择开关，测量各点温度（包括塔、蒸气、入塔料液、回流液和釜残液的温度）。预热器温度调节器调节进料温度。

塔顶冷凝器用水冷却，可适当调节冷却水流量来控制回流液的温度，回流液流量由分馏头附设的计量管测量。

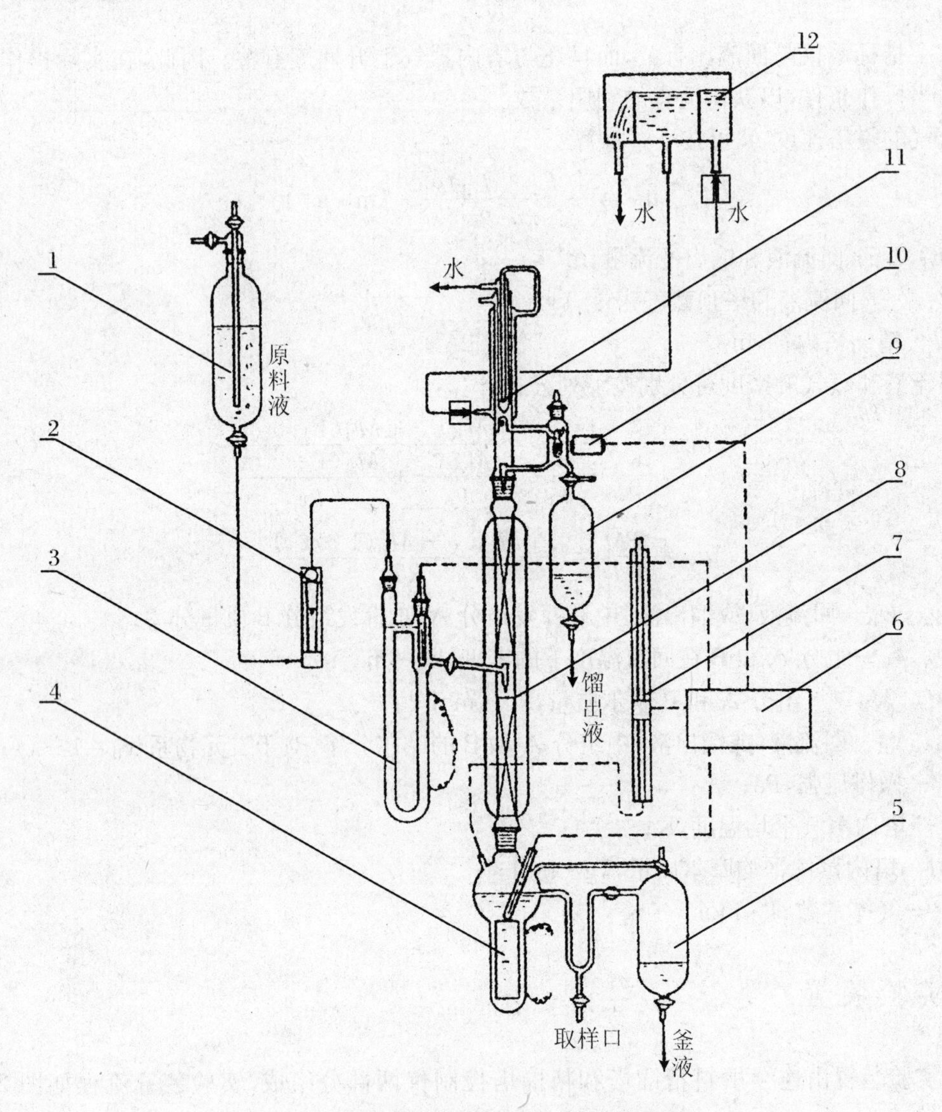

图 2.7.1 填料塔连续填料精馏实验装置流程

1. 原料液高位瓶； 2. 转子流量计； 3. 原料液预热器； 4. 蒸馏釜； 5. 釜液接收器；
6. 控制仪； 7. 单管压力计； 8. 填料分馏塔； 9. 馏出液接收器； 10. 回流比调节器；
11. 分馏头； 12. 冷却水高位槽

四、实验步骤

本实验采用正庚烷和甲基环乙烷物系，并配制成体积比 1∶1 的混合液作为标准实验液，或者采用乙醇和正丙醇物系，并按体积比 1∶3 配制成实验液，或者采用乙醇和水体系，并配制成体积比 1∶4 的实验液。以下以乙醇-水体系为例。

1. 全回流操作

将配制好的乙醇-水溶液500 mL，加入再沸器。接通加热和保温电源，控制电压使釜内蒸发速度与保温效果适中，保持塔顶冷凝器的冷却水循环。稳定40 min后，从塔顶与塔釜各取数滴样品待测。

2. 部分回流操作

实验准备和预实验步骤：

(1) 将配制好的实验液1 000 mL，分别加入再沸器和稳压料液瓶中。再沸器中加入量约为500 mL。

(2) 向冷凝器通入少量冷却水，然后打开控制仪的总电源开关。逐步加大再沸器的加热电压，使再沸器内料液缓慢加热至沸。

(3) 料液沸腾后，先预液泛一次，以保证填料完全被润湿，并记下液泛时的釜压，作为选择操作条件的依据。

(4) 预液泛后，将加热电压调回至零。待填料层内料液全部流回再沸器后，才能重新开始实验。

(5) 将光电管定位在液泛釜压的60%～80%处，在全回流下，待操作稳定(约40 min)后，从塔顶和塔底采样分析。

(6) 在回流比$R=1\sim50$范围内，选择4～5个回流比值，在不同回流比下进行实验测定。回流比的调节，先打开回流比控制器的开关，然后旋动两个时间继电器的旋钮，通过两者的延时比例(即回流和流出时间比)来调节控制回流比。打开进料阀，将进料流量调至0.350 $L\cdot h^{-1}$左右。同时适当调节预热器加热电压。在控制釜压不变的情况下，待操作状态稳定后，采样分析。每次采样完毕，立即测定馏出液流量。

(7) 在选定的回流比下，在液泛釜压以下选取4～5个数据点，按序将光电管定位在预定的压强上，分别测取不同蒸气速度下的实验数据。实验操作方法与(2)项类同。

五、实验注意事项

(1) 在采集分析试样前，一定要有足够的稳定时间。只有观察到各点温度和压差恒定后，才能取样分析，并以分析数据恒定为准。

(2) 回流液的温度一定要控制恒定，且尽量接近塔顶温度。关键在于冷却水的流量要控制适当，并维持恒定。同时进料的流量和温度也要随时注意保持恒定。进料温度应尽量接近泡点温度，且以略低于泡点温度3～7 ℃为宜。

(3) 预液泛不要过于猛烈，以免影响填料层的填充密度，切忌将填料冲出塔体。

(4) 再沸器和预热器液位始终要保持在电阻膜加热器以上，以防设备烧裂。

(5) 实验完毕后，应先关掉加热电源，待物料冷却后，再停冷却水。

六、实验结果与分析

(1) 测量并记录实验基本参数。

① 设备基本参数如下：

填料柱的内径 $d = 22$ mm

精馏段填料层高度 $h_R = 200$ mm

提馏段填料层高度 $h_s = 150$ mm

填料形式及填充方式 $\Phi 3 \times 3 \times 0.25$ mm，不锈钢Q形多孔压延填料（乱堆）

填料尺寸：

填料比表面积 $a = 2\,060\ m^2 \cdot m^{-3}$

填料空隙率 $\varepsilon = 0.915$

填料堆积密度 $\rho_b = 578\ kg \cdot mol^{-1}$

填料个数 $n = 191 \times 10^7$ 个 $\cdot\ m^{-3}$

② 实验液及其物性数据如下：

实验物系 A－ B－

实验液组成

实验液的泡点温度

各纯组分的摩尔质量 $M_A =$ $M_B =$

各纯组分的沸点 $T_A =$ $T_B =$

各纯组分的折光率 $D_A =$ $D_B =$

混合液组成与折光率的关系数据

（配标准溶液、测折光指数、绘工作曲线、测样品折光指数、求样品组成）

(2) 实验数据记录见表2.7.1。

表 2.7.1 实验数据记录

实验内容	
釜内压强 P（mmH_2O）	
填料层压降 ΔP（mmH_2O）	
回流比 R（—）	
进料比 R'（—）	
冷却水流量 V_s（$L \cdot h^{-1}$）	
进料液流量 L_f（$L \cdot h^{-1}$）	
馏出液流量 L_d（$mL \cdot min^{-1}$）	
回流液流量 L_l（$mL \cdot min^{-1}$）	
塔顶蒸气温度 T_v（℃）	
馏出液温度 T_d（℃）	
进料液温度 T_f（℃）	
釜残液温度 T_w（℃）	
馏出液折光率 $D_d^{25℃}$（—）	

续表

实验内容	
馏出液组成 x_d(摩尔分率)	
釜残液折光率 $D_W^{25℃}$(—)	
釜残液组成 x_w(摩尔分率)	
塔顶相对挥发度 α_d(—)	
塔底相对挥发度 α_w(—)	
平均相对挥发度 α(—)	
备注	

(3) 实验数据整理见表2.7.2。

表2.7.2　实验数据整理

实验内容	
回流比 R(—)	
馏出液流量 F_d($m^3 \cdot s^{-1}$)	
蒸气空塔速度 u_0($m \cdot s^{-1}$)	
填料层压强降 ΔP(mmH_2O)	
精馏段理论塔板数 $N_{T,R}$(块)	
提馏段理论塔板数 $N_{T,S}$(块)	
全塔理论塔板数 N(块)	
等板高度 h_e(m)	
利用系数 K(—)	

(4) 在一定蒸气速度下,回流比分别对理论塔板数、等板高度、利用系数和压降标绘实验曲线。

(5) 在一定回流比下,蒸气速度(或馏出液流量)分别对理论塔板数、等板高度、利用系数和压降标绘实验曲线。

七、思考题

(1) 精馏操作为什么需要回流?回流比的大小对塔顶产品的组成和流量有何影响?如何控制回流比?

(2) 利用折光指数求溶液浓度时,样品的测量温度对结果有什么影响?

(3) 如何判断一个精馏操作是否正确和稳定?

附　实验体系数据表

表 2.7.3　正庚烷-甲基环己烷物系组成与折光率关系

组　成 正庚烷摩尔分率	折光率 n_n^{25}	组　成 正庚烷摩尔分率	折光率 n_n^{25}
0	1.420 6		
2	1.419 4	62	1.397 6
6	1.418 2	66	1.396 2
10	1.416 6	70	1.394 8
14	1.415 0	74	1.393 6
18	1.413 4	78	1.392 2
22	1.411 9	82	1.390 8
26	1.410 4	86	1.389 2
30	1.409 0	90	1.388 4
34	1.407 5	94	1.387 6
38	1.406 1	98	1.386 8
42	1.404 7	100	1.386 4
46	1.403 2		
50	1.401 8		
54	1.400 4		
58	1.399 0		

表 2.7.4　乙醇-正丙醇物系组成与折光率关系

组　成 正庚烷摩尔分率	折光率 n_n^{25}
5.46	1.362 1
16.06	1.364 7
25.85	1.367 1
25.64	1.369 5
45.83	1.372 0
54.39	1.374 1

续表

组　成 正庚烷摩尔分率	折光率 n_n^{25}
65.81	1.3769
74.38	1.3790
85.79	1.3818

表 2.7.5　正庚烷-甲基环己烷物系相对挥发度

温度 t (℃)	正庚烷蒸气压 P (mmHg)	甲基环己烷蒸气压 P (mmHg)	相对挥发度 α (—)
100.93	817.47	759.9	1.07576
100.50	807.36	750.7	1.07548
100.10	798.05	742.3	1.07510
100.00	795.73	740.2	1.07502
99.667	788.06	733.24	1.07475
99.50	784.23	729.77	1.07462
99.00	772.86	719.46	1.07422
98.50	761.62	709.26	1.07382
98.42	759.83	707.64	1.07375

表 2.7.6　乙醇-正丙醇物系相对挥发度

温度 t (℃)	乙醇含量 X_A (摩尔分率)	乙醇含量 X_B (摩尔分率)	相对挥发度 α (—)
94.50	0.0737	0.1637	2.460
93.85	0.0819	0.2045	2.0882
90.65	1.2045	0.4050	20648
88.20	0.2373	0.4295	2.420
86.30	0.3682	0.5767	2.338
83.50	0.5236	0.7117	2.246
82.20	0.5890	0.7689	2.322
81.20	0.7051	0.8450	2.280
80.20	0.8181	0.9080	2.194
79.30	0.8998	0.9948	1.906

实验八 反应精馏法制乙酸乙酯

一、实验目的

(1) 了解反应精馏是既服从质量作用定律又服从相平衡规律的复杂过程。

(2) 掌握反应精馏的操作。

(3) 能进行全塔物料衡算和塔操作的过程分析。

(4) 了解反应精馏与常规精馏的区别。

(5) 学会分析塔内物料组成。

二、实验原理

反应精馏是精馏技术中的一个特殊领域。在操作过程中,化学反应与分离同时进行,故能显著提高总体转化率,降低能耗。此法在酯化、醚化、酯交换、水解等化工生产中得到应用,而且越来越显示其优越性。

反应精馏过程不同于一般精馏,它既有精馏的物理相变之传递现象,又有物质变性的化学反应现象。二者同时存在,相互影响,使整个过程更加复杂。因此,反应精馏对下列两种情况特别适用:(1) 可逆平衡反应。一般情况下,反应受平衡影响,转化率只能维持在平衡转化的水平,但是,若生成物中有低沸点和高沸点的物质存在,则精馏过程可使其连续地从系统中排出,结果超出平衡转化率,大大地提高了效率。(2) 异构体混合物分离。通常因为它们的沸点接近,靠一般的精馏方法不易分离提纯,若异构体中某组分能够发生化学反应并生成沸点不同的物质,这时可在过程中得到分离。

对于醇酸酯化反应来说,适于第一种情况。但若该反应物无催化剂存在,单独采用反应精馏也达不到高效分离的目的。这是因为反应速度非常缓慢,故一般都用催化反应方法。酸是有效的催化剂,常用硫酸。反应随酸浓度增加而加快,浓度在0.2%~1%(wt)。此外,还可以用离子交换树脂、重金属盐类和丝光沸石分子筛等固体催化剂。反应精馏的催化剂用硫酸,是由于其催化作用不受塔内温度的限制,在全塔内部可以进行催化反应,而应用固体催化剂则由于存在一个最合适的温度,精馏塔本身难以达到此条件,故很难实现最佳化操作。本实验是以乙酸和乙醇为原料,在催化作用下生成乙酸乙酯的可逆反应。反应的方程式为

$$CH_3COOH + C_2H_5OH \rightleftharpoons CH_3COOC_2H_5 + H_2O$$

实验进料的方式有两种:一种是直接从塔釜进料,另一种是在塔的某处进料。前者有间歇和连续式操作,后者只有连续式。若用后一种方法进料,即在塔上部某处加带有酸催化剂的乙酸,塔下部某处加乙醇。釜液沸腾状态下塔内轻组分逐渐向上移动,重组分向下移动。具体地说,乙酸从上段向下段移动,与向上段移动的乙醇接触,在不同填料高度上均发生反应,生成酯

和水。塔内此时有 4 个组分。由于乙酸在气相中有缔合作用，除乙酸外，其他 3 个组分形成三元或二元共沸物。水-酯、水-醇共沸物沸点比较低，醇和酯能不断地从塔顶排出。若控制反应原料配比，可以使某组分全部转化。因此，可以认为反应精馏的分离塔也是反应器。若采用塔釜进料的间歇式操作，反应只能够在塔釜中进行。由于乙酸的沸点较高，不能进入到塔体，所以塔体内共有 3 个组分，即水、乙醇和乙酸乙酯。

全过程可用物料衡算和热量衡算来描述。

1．物料衡算方程

对第 j 块理论板上的 i 组分进行物料衡算如下(图 2.8.1)：

$$L_{j-1}X_{i,j-1}+V_{j+1}Y_{i,j+1}+F_jZ_{j,i}+R_{i,j}=V_jY_{i,j}+L_jX_{i,j}$$
$$2<j<n,\quad i=1,2,3,4 \tag{2.8.1}$$

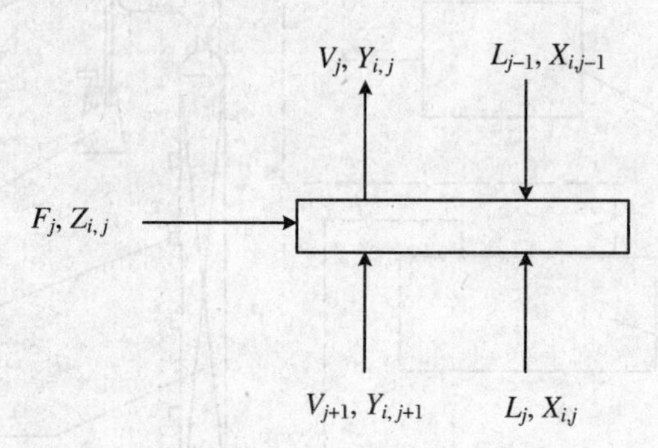

图 2.8.1　第 j 块理论板上的气液流动示意图

2．气液平衡方程

对平衡级上某组分 i 有如下平衡关系：

$$K_{i,j}X_{i,j}-Y_{i,j}=0 \tag{2.8.2}$$

每块板上的组成总和应该满足下列关系：

$$\sum_{i=1}^{n}Y_{i,j}=1,\quad \sum_{i=1}^{n}X_{i,j}=1 \tag{2.8.3}$$

3．反应速率方程

$$R_{i,j}=K_j\cdot P_j\left(\frac{X_{i,j}}{\sum Q_{i,j}\cdot X_{i,j}}\right)^2\times 10^5 \tag{2.8.4}$$

式(2.8.4)只在原料中各组分浓度相等条件下成立，否则应该加以修正。

4．热量衡算方程

对平衡级上进行热量衡算，最终得到式(2.8.5)：

$$L_{j-1}h_{j-1}-V_jH_j-L_jh_j+V_{j+1}H_{j+1}\ F_jH_{j,i}-Q_j+R_jH_{r,j}=0 \tag{2.8.5}$$

三、实验装置

实验装置如图 2.8.2 所示。

反应精馏塔用玻璃制成。直径 20 mm，塔高 1 500 mm。塔内装填直径 3×3 mm 不锈钢填料(0.38 L)。塔外壁镀有金属膜,通电流使塔身加热保温。塔釜为一玻璃容器,并有电加热器加热,采用 XCT-191,ZK-50 可控硅电压控制温度。塔顶冷凝液体的回流采用摆动式回流比控制器操作,此控制系统由塔头上摆锤、电磁铁线圈、回流比计数器组成。

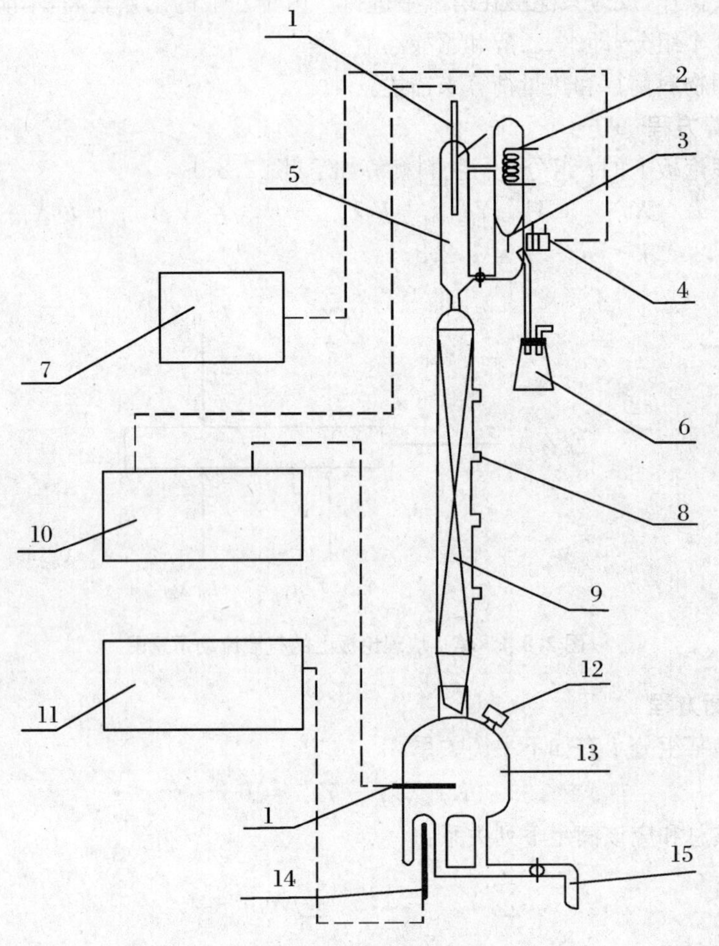

图 2.8.2 反应精馏流程及装置

1. 测温热电阻; 2. 冷却水; 3. 摆锤; 4. 电磁铁; 5. 塔头; 6. 馏出液收集瓶;
7. 回流比控制器; 8. 取样口; 9. 塔体; 10. 数字式温度显示器; 11. 控温仪;
12. 加料口; 13. 塔釜; 14. 电加热器; 15. 卸料口

所用的试剂有乙醇、乙酸、浓硫酸、丙酮和蒸馏水。

四、实验步骤

间歇操作:

(1) 将乙醇、乙酸各 80 g,浓硫酸数滴倒入塔内。开启釜加热系统,开启塔身保温电源。开启塔顶冷凝水。

(2) 当塔顶摆锤上有液体出现时,进行全回流操作。15 min 后,设定回流比为 3∶1,开启回流比控制电源。

(3) 30 min 后，用微量注射器在塔身5个不同高度取样，应尽量保证同步。

(4) 分别将0.2 μL样品注入色谱分析仪，记录结果。注射器用后应用蒸馏水和丙酮依次清洗，以备后用。

(5) 重复(3)、(4)步操作。

(6) 关闭塔釜及塔身加热电源和冷凝水。对馏出液及釜残液进行称重和色谱分析(当持液全部流至塔釜后才取釜残液)，关闭总电源。

五、实验结果与分析

自行设计实验数据记录表格。根据实验测得的数据，按下列要求写出实验报告：

(1) 实验目的和实验流程步骤。

(2) 实验数据和数据处理。

(3) 实验结果与讨论及改进实验的建议。

对于间歇过程，可以根据下列公式计算反应的转化率和收率：

转化率=(乙酸的加料量－釜残液乙酸量)/乙酸添加量

进行乙酸和乙醇的全塔物料平衡恒算，计算塔内浓度分布、反应收率、转化率等等。

六、符号说明

F_j—j 板进料量；

h_j—j 板上液体焓值；

H_j—j 板上气体焓值；

$H_{f,j}$—j 板上原料焓值；

$H_{r,j}$—j 板上反应热焓值；

L_j—j 板下降液体量；

$K_{i,j}$—i 组分气液平衡函数；

P_j—j 板上液体混合物体积(持液量)；

$R_{i,j}$—单位时间内 j 板上单位液体体积内 i 组分反应量；

V_j—j 板上升蒸气量；

$X_{i,j}$—j 板上组分 i 的液相摩尔分数；

$Y_{i,j}$—j 板上组分 i 的气相摩尔分数；

$Z_{i,j}$—j 板上组分 i 的原料组成；

Q_j—j 板上冷却或加热的热量；

$\theta_{i,j}$—反应混合物组分在 j 板上的体积。

七、思考题

(1) 怎样提高酯化收率？

(2) 不同回流比对产物分布影响如何?

(3) 采用釜内进料,操作条件要做哪些变化? 酯化率能否提高?

(4) 加料摩尔比应保持多少为最佳?

(5) 用实验数据能否进行模拟计算? 如果数据不充分,还要测得哪些数据?

(6) 使用气相色谱仪分析有哪些注意事项?

实验九 二氧化碳吸收与解吸实验

一、实验目的

(1) 通过本实验了解填料塔结构、基本流程和操作特性,熟悉气液两相在填料层中的流动过程,加深对传质原理的理解。

(2) 测定填料塔压降和空塔气速之间关系,观察液体在填料表面的流动和液泛现象,了解填料塔的流体力学性能,掌握压降、液泛气速、持液量、喷淋密度等传质基本概念。

(3) 本实验采用水-二氧化碳体系,要求通过实验测定吸收传质系数、传质单元高度、吸收率等物理量,并掌握气液相中有关组分分析方法。

(4) 通过实验确立吸收传质系数与操作条件的关系,了解单膜控制过程特点。

二、实验原理

(一) 填料塔流体力学性能

填料塔是一种应用十分广泛的气液传质设备。其塔体为一圆筒,筒内堆放一定高度的填料。填料塔吸收操作时,气体自下而上从填料间隙穿过,与自上而下喷淋下来的液体在填料表面进行相际传质。填料塔的流体力学性能主要包括气体通过填料层时的压降、液泛气速(液泛时空塔气速)、持液量(单位体积填料所持有的液体体积量)、喷淋密度(单位时间单位空塔截面积上喷淋液体体积)等。当气体自下而上,液体自上而下流经一定高度的填料层时,将气体通过此填料层时的压降 Δp 和空塔气速 u 之间的关系在双对数坐标纸上作图,并以液体的喷淋密度 L 为参数,可得图 2.9.1 所示的曲线。

当喷淋密度 $L=0$ 时,气体流经填料层压降主要用来克服流经填料层时的摩擦阻力。空塔气速 u 增加,气体与填料之间阻力加剧,压降 Δp 随之增加,从图 2.9.1 可见呈直线关系。此直线的斜率为 1.8~2.0,即压降与空塔气速的 1.8~2.0 次方成正比。

当喷淋密度 $L\neq0$ 时,即当填料上有液体喷淋时,填料上的部分间隙被液体占据,气体的流通截面减少,气体的实际速度比 $L=0$ 时高,因而压降增加。在同样的空塔气速下,随液体喷淋密度增加,填料层所持有的液量增加,气体流通截面减少,气体通过填料层的压降增加,如

图 2.9.1 中 L_1，L_2，L_3所示。从图 2.9.1 可见，随 L 增加，$\lg\Delta p - \lg u$ 曲线左移。

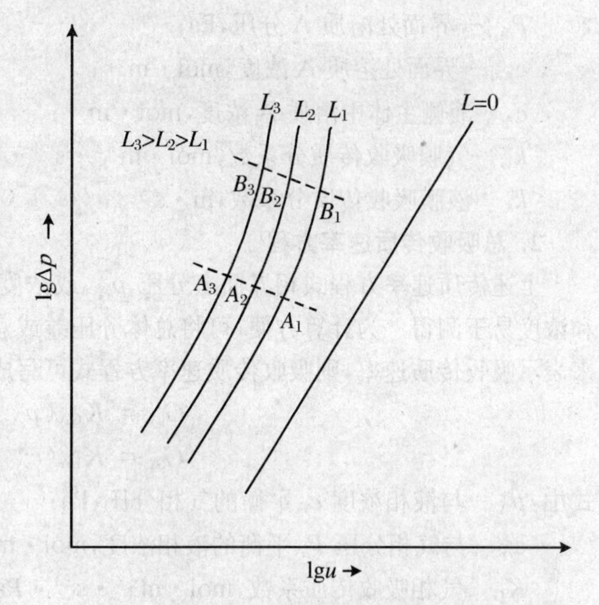

图 2.9.1 填料塔压降与空塔气速的关系

在一定的喷淋密度下，例如 $L = L_1$ 时，在较低空塔气速下（如小于 A_1点时对应的空塔气速），液体沿填料表面流动很少受逆向气流的影响，填料层内的持液量基本保持不变，$\lg\Delta p$ 和 $\lg u$ 之间的关系与$L=0$ 时平行。但空塔气速从 A_1点开始，液体的向下流动受逆向气流的影响开始明显起来，持液量随空塔气速增加而增加，气流流通截面随之减少。故从点 A_1 开始，压降随空塔气速的增加有较大上升，$\lg\Delta p - lgu$ 曲线斜率逐渐加大。点 A_1 及其他喷淋密度 L_2，L_3相应的 A_2，A_3点称之为截点，代表填料塔操作中的一个转折点。截点以后，填料层内液体分布和填料表面湿润程度大为改善，并随空塔气速增大，两相湍流程度增大，有利于提高吸收传质速率。但空塔气速从 B_1点开始，气体通过填料层的压降迅速上升，且有强烈动荡，表示塔内已发生液泛。点 B_1及其他喷淋密度下 L_2，L_3相应的 B_2，B_3点称为液泛点。液泛气速是操作气速的上限。液泛时，上升气流经填料层的压降已增加到使下流液体受到阻塞，不能按原有的喷淋密度流下而聚集在填料层上。这时我们可以看到在填料层顶部出现一层呈连续相的液体，使气体变成分散相在液体里面鼓泡。液泛现象一旦发生，若空塔气速再增加，鼓泡层迅速增加，进而漫延到全塔。用目测来判断液泛点，容易产生偏差，此时就用压降-空塔气速双对数曲线上的液泛转折点 B_1，B_2，B_3来定义，称为图示液泛点。

选定实际空塔气速，不仅要力求提高吸收传质速率，而且要使填料塔能够维持稳定操作，同时还要考虑到随空塔气速增大，压降也随之增大，使操作费用增加。实际空塔气速应在截点气速和液泛气速之间选择，一般为液泛气速的 50%～80%。因此，掌握填料塔液泛规律，对填料塔的操作和设计是必不可少的。

（二）填料塔吸收传质系数测定

1. 分吸收传质速率方程

根据双膜模型及单相传质速率方程可以写出溶质穿过气膜和液膜时的吸收传质速率方程式：

$$G_A = k_G A(p_A - p_{A,i}) \tag{2.9.1}$$

$$G_A = k_L A(c_{A,i} - c_A) \tag{2.9.2}$$

式中：G_A—吸收传质速率，$mol \cdot s^{-1}$；

A—两相接触面积，m^2；

P_A—气侧主体中溶质 A 分压，Pa；

$P_{A,i}$—界面处溶质A分压，Pa；

$c_{A,i}$—界面处溶质A浓度，$mol \cdot m^{-3}$；

c_A—液侧主体中溶质A浓度，$mol \cdot m^{-3}$；

k_G—气膜吸收传质分系数，$mol \cdot m^{-2} \cdot s^{-1} \cdot Pa^{-1}$；

k_L—液膜吸收传质分系数，$m \cdot s^{-1}$。

2. 总吸收传质速率方程

上述传质速率方程式相界面上分压 $p_{A,i}$ 或浓度 $c_{A,i}$ 是难以测得的，但两相主体中的分压和浓度易于测得。为计算方便，可将总体分压差或总体浓度差作为吸收过程中总传质推动力来表示吸收传质速率，则吸收传质速率方程式可写成

$$G_A = K_{GA}(p_A - p_A^*) \tag{2.9.3}$$

$$G_A = K_{LA}(c_A^* - c_A) \tag{2.9.4}$$

式中：p_A^*—与液相浓度 c_A 平衡的气相分压，Pa；

c_A^*—与气相分压 P_A 平衡的液相浓度，$mol \cdot m^{-3}$；

K_G—气相吸收传质系数，$mol \cdot m^{-2} \cdot s^{-1} \cdot Pa^{-1}$；

K_L—液相吸收传质系数，$m \cdot s^{-1}$。

3. 吸收传质总系数与吸收传质分系数关系

若气液相平衡关系遵循亨利定律：$c_A = p_A^* \cdot H$（H 为溶解度系数，$kmol \cdot m^{-3} \cdot Pa^{-1}$），$c_{A,i} = P_{A,i} \cdot H$，则

$$\frac{1}{K_G} = \frac{1}{k_G} + \frac{1}{k_L H} \tag{2.9.5}$$

$$\frac{1}{K_L} = \frac{H}{k_G} + \frac{1}{k_L} \tag{2.9.6}$$

实验中采用的二氧化碳在水中的溶解度为

$$H_{CO_2} = \frac{\rho_w}{M_w} \times \frac{1}{E} \tag{2.9.7}$$

当气膜阻力远大于液膜阻力，即当气体易溶，溶解度系数 H 很大（如水吸收 NH_3，HCl 等）时，$K_G = k_G$。此时增加吸收剂流量，吸收传质系数变化很小。反之，当液膜阻力远大于气膜阻力，即当气体难溶，溶解度系数 H 很小（如水吸收 CO_2，O_2 等）时，$K_L = k_L$。此时增加吸收剂流量，吸收传质系数大幅度增加。

4. 吸收塔填料层高度计算

在逆流接触的填料层内，任意截取一微分段，以此为衡算系统，由溶质变化的物料衡算可知被吸收的溶质量 dG_A 等于气体中溶质减少量 $F_B dY_A$，即

$$dG_A = F_B dY_A \tag{2.9.8}$$

式中：F_B—单位时间内通过吸收塔的惰性气体量，$mol \cdot s^{-1}$；

Y_A—溶质A在气相中量比。

根据传质速率方程，可写出微分段的传质速率微分方程

$$dG_A = K_Y(Y_A - Y_A^*)aSdh \tag{2.9.9}$$

式中：Y_A^*—与液相组成 X_A 平衡的气相组成；

a—气液两相接触的有效比表面积(指被液体覆盖并与气体充分接触的那一部分填料的表面积),$m^2 \cdot m^{-3}$;

S—填料塔横截面积,m^2;

h—填料层高度,m;

K_Y—以 $Y - Y^*$ 为总推动力的气相传质系数,$mol \cdot m^{-2} \cdot s^{-1}$。

由式(2.9.8)、式(2.9.9)可得

$$F_B dY_A = K_Y(Y_A - Y_A^*)aSdh \tag{2.9.10}$$

对低浓度气体吸收过程,K_Y可视为定值,对上式分离变量积分,可得

$$h = \frac{F_B}{K_Y aS}\int_{Y_{A,2}}^{Y_{A,1}} \frac{dY_A}{(Y_A - Y_A^*)} \tag{2.9.11}$$

式中:$Y_{A,1}$,$Y_{A,2}$—溶质 A 在塔底、塔顶气相中量比。

式(2.9.11)是以 $Y_A - Y_A^*$ 为推动力求填料层高度的计算式,同理

$$h = \frac{F_C}{K_X aS}\int_{X_{A,2}}^{X_{A,1}} \frac{dX_A}{(X_A^* - X_A)} \tag{2.9.12}$$

式中:F_C—单位时间内通过吸收塔的吸收剂量,$mol \cdot s^{-1}$;

X_A—溶质 A 在液相中量比,下标 1、2 分别代表塔底、塔顶;

X_A^*—与气相组成 X_A平衡的液相组成;

K_X—以 $X_A^* - X_A$为总推动力的液相传质系数,$mol \cdot m^{-2} \cdot s^{-1}$。

如以 $c_A^* - c_A$为推动力,则

$$h = \frac{F_L}{K_L aS\rho_L}\int_{c_{A,2}}^{c_{A,1}} \frac{dc_A}{c_A^* - c_A} \tag{2.9.13}$$

式中:F_L—单位时间内通过吸收塔的液相摩尔流量,$mol \cdot s^{-1}$;

ρ_L—液相摩尔密度,$mol \cdot m^{-3}$;

$c_{A,1}$,$c_{A,2}$—溶质 A 在塔底、塔顶液相中量浓度,$mol \cdot m^{-3}$;

K_L—以 $c_A^* - c_A$为总推动力的液相传质系数,$m \cdot s^{-1}$。

对于低浓度气体吸收,F_L,ρ_L 可视为定值。

5. 传质单元高度、传质单元数和吸收传质系数

在吸收塔填料层高度计算式中,$\frac{F_B}{K_Y aS}$ 称气相传质单元高度,用 H_{OG} 表示;$\frac{F_C}{K_X aS}$ 和 $\frac{F_L}{K_L aS\rho_L}$ 称液相传质单元高度,用 H_{OL} 表示。$\int_{Y_{A,2}}^{Y_{A,1}} \frac{dY_A}{(Y_A - Y_A^*)}$ 称气相传质单元数,用 N_{OG} 表示;$\int_{X_{A,2}}^{X_{A,1}} \frac{dX_A}{(X_A^* - X_A)}$ 和 $\int_{c_{A,2}}^{c_{A,1}} \frac{dc_A}{c_A^* - c_A}$ 称液相传质单元数,用 N_{OL} 表示。

$$h = h_{OG}N_{OG} \tag{2.9.14}$$

$$h = h_{OL}N_{OL} \tag{2.9.15}$$

若气液平衡关系为直线,可采用下列对数平均推动力法计算填料层的高度或气相传质单元高度:

$$h = \frac{F_B}{K_Y aS}\frac{Y_{A,1} - Y_{A,2}}{\Delta Y_{A,m}} \tag{2.9.16}$$

$$h_{OG}=\frac{h}{N_{OG}}=\frac{h}{\dfrac{Y_{A,1}-Y_{A,2}}{\Delta Y_{A,m}}} \tag{2.9.17}$$

式中：$\Delta Y_{A,m}$—气相平均推动力。

$$\Delta Y_{A,m}=\frac{\Delta Y_{A,1}-\Delta Y_{A,2}}{\ln\dfrac{\Delta Y_{A,1}}{\Delta Y_{A,2}}}=\frac{(Y_{A,1}-Y_{A,1})-(Y_{A,2}-Y_{A,2})}{\ln\dfrac{Y_{A,1}-Y_{A,1}^{*}}{Y_{A,2}-Y_{A,2}^{*}}} \tag{2.9.18}$$

由式(2.9.16)可得

$$K_{Y}a=\frac{F_{B}(Y_{A,1}-Y_{A,2})}{hS\Delta Y_{A,m}} \tag{2.9.19}$$

如果 $F_B, Y_{A,1}, Y_{A,2}, h, S, \Delta Y_{A,m}$均已知，即可由式(2.9.19)计算 $K_Y a$ 值。

同理：

$$h=\frac{F_{C}}{K_{X}aS}\cdot\frac{X_{A,1}-X_{A,2}}{\Delta X_{A,m}} \tag{2.9.20}$$

$$h_{OL}=\frac{h}{N_{OL}}=\frac{h}{\dfrac{X_{A,1}-X_{A,2}}{\Delta X_{A,m}}} \tag{2.9.21}$$

式中：$\Delta X_{A,m}$—液相平均推动力。

$$\Delta X_{A,m}=\frac{\Delta X_{A,1}-\Delta X_{A,2}}{\ln\dfrac{\Delta X_{A,1}}{\Delta X_{A,2}}}=\frac{(X_{A,1}^{*}-X_{A,1})-(X_{A,2}^{*}-X_{A,2})}{\ln\dfrac{X_{A,1}^{*}-X_{A,1}}{X_{A,2}^{*}-X_{A,2}}} \tag{2.9.22}$$

$$K_{X}a=\frac{F_{C}(X_{A,1}-X_{A,2})}{hS\Delta X_{A,m}} \tag{2.9.23}$$

如果 $F_C, X_{A,1}, X_{A,2}, h, S, \Delta X_{A,m}$均已知，即可由式(2.9.23)得到 $K_X a$ 值。

如果以 $c_A^{*}-c_A$为推动力，则

$$K_{L}a=\frac{F_{L}(c_{A,1}-c_{A,2})}{hS\rho_{L}\Delta c_{A,m}} \tag{2.9.24}$$

式中：$\Delta c_{A,m}$—气相平均推动力。

同样根据实验数据可以得到 $K_L a$ 值。

上述 $K_X a, K_Y a, K_L a$ 称为“总体积吸收系数”，其单位分别为 $mol\cdot m^{-3}\cdot s^{-1}$，$mol\cdot m^{-3}\cdot s^{-1}$，$s^{-1}$。总体积吸收系数的物理意义是：在单位推动力作用下，单位时间内通过单位体积填料吸收的溶质量(或体积)。把气液两相接触的有效比表面积 a 与吸收系数合并，主要是考虑到有效比表面积 a 直接测定有很大困难。

6．吸收率

吸收率可用下式计算：

$$\eta=\frac{Y_{A,1}-Y_{A,2}}{Y_{A,1}}=1-\frac{Y_{A,2}}{Y_{A,1}} \tag{2.9.25}$$

式中：$Y_{A,1}, Y_{A,2}$—溶质A在塔底、塔顶气相中量比。

由于填料吸收塔气体进口浓度 $Y_{A,1}$是由前一工序决定的，因此要提高吸收率，即降低 $Y_{A,2}$值，只能是调节吸收剂进口条件，如流量、温度、浓度。吸收剂流量的增加，温度和浓度的降低，有利于吸收率的提高。

解吸是吸收的逆过程，传质方向与吸收相反，其原理和计算方法与吸收相似，只是吸收速率和传质速率方程中的推动力要从吸收时的 $Y_A - Y_A^*$，$X_A^* - X_A$，$c_A^* - c_A$改为 $Y_A^* - Y_A$，$X_A - X_A^*$，$c_A - c_A^*$。

三、实验装置

吸收质（纯二氧化碳气体或与空气混合气）由钢瓶经二次减压阀和转子流量计 15 计量后，由塔底进入吸收塔内，气体自下而上经过填料层，与吸收剂纯水逆流接触进行吸收操作，尾气从塔顶放空；吸收剂经转子流量计 14 计量后由塔顶进入喷洒而下；吸收二氧化碳后的溶液流入塔底液料储槽 22 中储存，再由吸收液泵 3 经流量计 7 计量后进入解吸塔进行解吸操作，空气由流量计 6 控制流量进入解吸塔塔底，自下而上经过填料层与液相逆流接触对吸收液进行解吸，解吸后气体自塔顶放空。U 形液柱压差计用来测量填料层两端的压强降。二氧化碳吸收解吸实验装置流程示意图如图 2.9.2 所示，二氧化碳吸收解吸实验装置仪器面板示意图如图 2.9.3 所示。

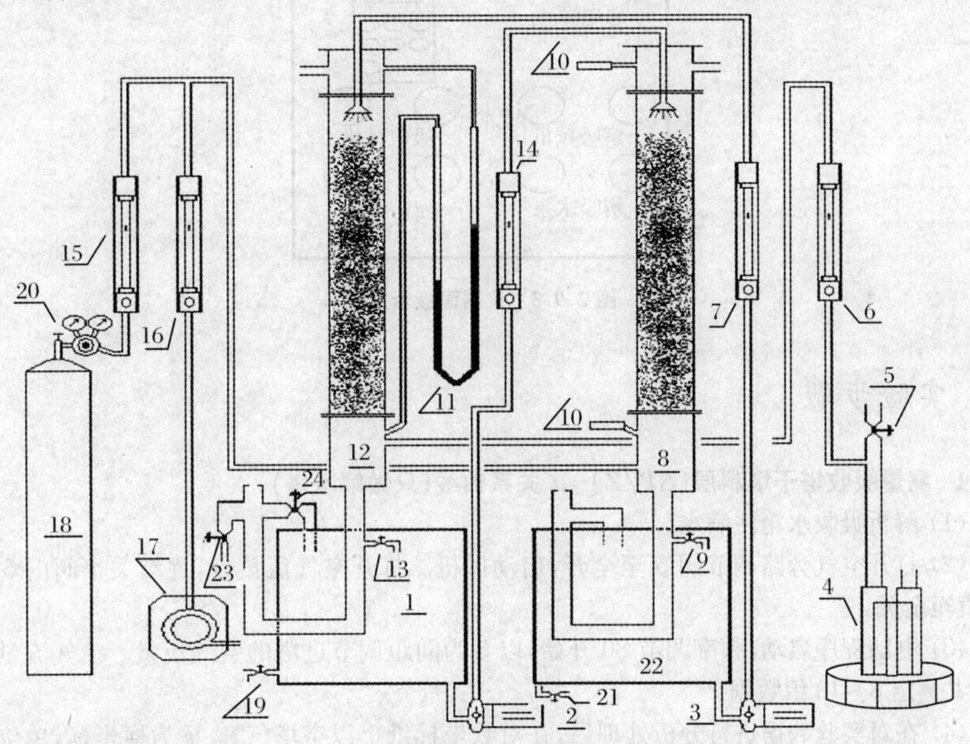

图 2.9.2　二氧化碳吸收解吸实验装置流程示意图

1. 解吸液储槽；2. 解吸液液泵；3. 吸收液液泵；4. 风机；5. 空气旁通阀；6. 空气流量计；7. 吸收液流量计；8. 吸收塔；9. 吸收塔塔底取样阀；10. 压力传感器；11. U 形管液柱压强计；12. 解吸塔；13. 解吸塔塔底取样阀；14. 解吸液流量计；15. CO_2流量计；16. 吸收用空气流量计；17. 吸收用气泵；18. CO_2钢瓶；19,21. 水箱放水阀；20. 减压阀；22. 吸收液储槽；23. 放水阀；24. 回水阀

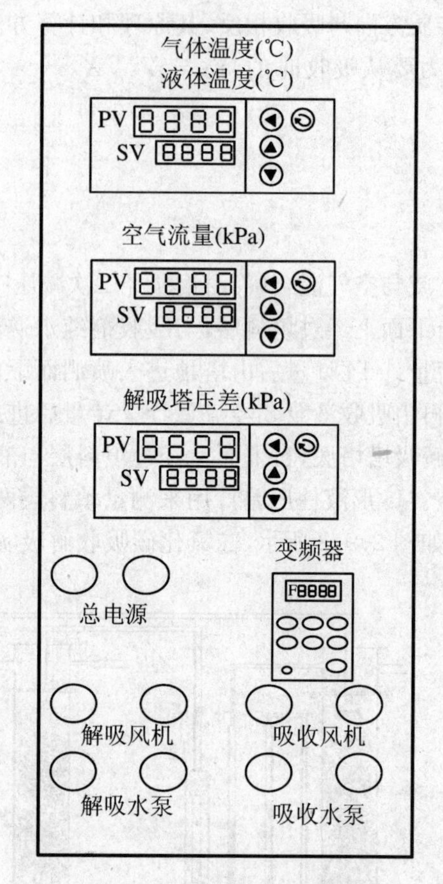

图 2.9.3 仪器面板示意图

四、实验步骤

1. 测量吸收塔干填料层($\Delta P/Z$)- u 关系曲线(只做解吸塔)

(1) 解析吸收水箱注满水。

(2) 打开空气旁路调节阀 5 至全开,启动风机。打开空气流量计,逐渐关小阀门 5 的开度,直至全关。

(3) 电脑程序启动,频率调节 80 开始,以 5 为间距调节进塔的空气流量。空气流量从大到小共测定 8～10 组数据。

(4) 在对实验数据进行分析处理后,在对数坐标纸上以空塔气速 u 为横坐标,单位高度的压降 $\Delta P/Z$ 为纵坐标,绘干填料层($\Delta P/Z$)- u 关系曲线。

2. 测量吸收塔在喷淋量下填料层($\Delta P/Z$)- u 关系曲线

将水流量固定在 100 $L \cdot h^{-1}$(水流量大小可因设备调整),采用上面相同步骤调节空气流量,稳定后分别读取并记录填料层压降 ΔP、转子流量计读数和流量计处所显示的空气温度,操作中随时注意观察塔内现象,一旦出现液泛,立即记下对应空气转子流量计读数。根据实验数据在对数坐标纸上标出液体喷淋量为 100 $L \cdot h^{-1}$时的($\Delta P/z$)- u 关系曲线,并在图上确定液泛气速，与观察到的液泛气速相比较是否吻合。

3. 二氧化碳吸收传质系数测定

(1) 吸收塔与解吸塔(水流量控制在 40 $L \cdot h^{-1}$)。

(2) 启动吸收液泵 2 将水经水流量计 14 计量后打入吸收塔中，然后打开二氧化碳钢瓶顶上的针阀 20，向吸收塔内通入二氧化碳气体(二氧化碳气体流量计 15 的阀门要全开)，流量大小由流量计读出，控制在 0.1 $m^3 \cdot h^{-1}$左右。

(3) 吸收进行 15 min 后，启动解吸泵 2，通过电脑程序逐渐加大空气流量(约 0.25 $m^3 \cdot h^{-1}$)对解吸塔中的吸收液进行解吸。以酚酞为指示剂，无色证明解吸完全。

(4) 操作达到稳定状态之后，测量塔底的水温，同时取样，测定溶液中二氧化碳的含量。(实验时注意吸收塔水流量计和解吸塔水流量计数值要一致，并注意解吸水箱中的液位，两个流量计要及时调节，以保证实验时操作条件不变。)

(5) 二氧化碳含量测定：

用移液管吸取 0.1 M 的 $Ba(OH)_2$溶液 10 mL，放入三角瓶中，并从塔底附设的取样口处接收塔底溶液 10 mL，用胶塞塞好振荡。溶液中加入 2～3 滴酚酞指示剂摇匀，用 0.1 M 的盐酸滴定到粉红色消失即为终点。按式(2.9.26)计算得出溶液中二氧化碳浓度：

$$C_{CO_2} = \frac{2C_{Ba(OH)_2} V_{Ba(OH)_2} - C_{HCl} V_{HCl}}{2V_{溶液}} \quad (mol \cdot L^{-1}) \tag{2.9.26}$$

根据实验结果计算传质单元高度、传质推动力和传质系数等。

五、实验结果与分析

实验测得的数据可参考表 2.9.1～表 2.9.3 进行记录。

表 2.9.1　干填料时($\Delta P/Z$)- u 关系测定

$L=0$　填料层高度 $Z=0.75$ m　塔径 $D=0.080$ m

序　号	填料层压强降(kPa)	单位高度填料层压强降($kPa \cdot m^{-1}$)	孔板流量计读数(kPa)	空塔气速($m \cdot s^{-1}$)
1				
2				
⋮				

表 2.9.2　湿填料时($\Delta P/z$)- u 关系测定

$L=100$　填料层高度 $Z=0.75$ m　塔径 $D=0.080$ m

序　号	填料层压强降(kPa)	单位高度填料层压强降($kPa \cdot m^{-1}$)	孔板流量计读数(kPa)	空塔气速($m \cdot s^{-1}$)	操作现象
1					
2					
⋮					

表 2.9.3 填料吸收塔传质实验技术数据表

被吸收的气体:纯 CO_2 吸收剂:水 塔内径:80 mm

塔类型	吸收塔
填料种类	
填料尺寸(mm)	
填料层高度(m)	
空气转子流量计读数($m^3 \cdot h^{-1}$)	
CO_2转子流量计处温度(℃)	
流量计处 CO_2 的体积流量($m^3 \cdot h^{-1}$)	
水转子流量计读数($L \cdot h^{-1}$)	
中和 CO_2 用 $Ba(OH)_2$ 的浓度($mol \cdot L^{-1}$)	
中和 CO_2 用 $Ba(OH)_2$ 的体积(mL)	
滴定用盐酸的浓度($mol \cdot L^{-1}$)	
滴定塔底吸收液用盐酸的体积(mL)	
滴定空白液用盐酸的体积(mL)	
样品的体积(mL)	
塔底液相的温度(℃)	
亨利常数 $E \times 10^8$(Pa)	
塔底液相浓度 $C_{A,1}$($kmol \cdot m^{-3}$)	
空白液相浓度 $C_{A,2}$($kmol \cdot m^{-3}$)	
传质单元高度 H_L(m)	
平衡浓度 C_A^*($10^{-2}\ kmol \cdot m^{-3}$)	
平均推动力 $\Delta C_{A,m}$($kmol \cdot m^{-2}$)	
液相体积传质系数 $K_{Y,a}$($m \cdot s^{-1}$)	

六、实验注意事项

(1) 开启 CO_2 总阀门前,要先关闭减压阀,阀门开度不宜过大。

(2) 实验中要注意保持吸收塔水流量计和解吸塔水流量计数值一致,并随时关注水箱中的液位。

(3) 分析 CO_2 浓度操作时动作要迅速,以免 CO_2 从液体中溢出导致结果不准确。

(4) 每次条件改变后,要有足够的稳定时间,待解析(吸收)塔压差和流量稳定后读数。

七、思考题

(1) 填料吸收塔气液两相流动特性是什么?

(2) 说明填料的作用及其特征。

(3) 吸收剂的作用是什么? 若溶液中溶质浓度大于其在气液两相中的平衡浓度,对吸收操作有何影响?

附　二氧化碳在水中的亨利系数

表 2.9.4　二氧化碳在水中的亨利系数 $E \times 10^{-5}$ (kPa)

气　体	温　度(℃)											
	0	5	10	15	20	25	30	35	40	45	50	60
CO_2	0.738	0.888	1.05	1.24	1.44	1.66	1.88	2.12	2.36	2.60	2.87	3.46

实验十　传热综合实验

一、实验目的

(1) 掌握对流传热系数 α_i 的测定方法,加深对其概念和影响因素的理解。

(2) 应用线性回归分析方法确定关联式 $Nu_0 = ARe^m Pr^{0.4}$ 中常数 A,m 的值。

(3) 通过测定其准数关联式 $Nu = BRe^m$ 中常数 B,m 的值和强化比 $Nu/(Nu_0)$,了解强化传热的基本理论和基本方式。

二、实验原理

(1) 本实验是采用水平装置的简单套管换热器和强化内管的套管换热器,以空气和水蒸气为介质的对流换热。通过实验测定空气与饱和水蒸气之间进行间壁热交换过程的总传热系数,空气在圆管内作强制湍流流动时的传热膜系数,以及确立传热膜系数与众多影响因素之间的关联式。

传热速率方程式

$$Q = K_i S_i \Delta t_m \tag{2.10.1}$$

$$K_i = \frac{Q}{S_i \Delta t_m} \tag{2.10.2}$$

式中：Q—热传速率，W；

S_i—换热管内、外表面积平均值，m^2；

Δt_m—对数平均温度差，℃；

K_i—基于管内面积的总传热系数，$W \cdot m^{-2} \cdot ℃^{-1}$。

由热量衡算式：

$$Q = WC_p(t_2 - t_1) \tag{2.10.3}$$

式中：W—冷流体即空气质量流量，$kg \cdot s^{-1}$；

C_p—冷流体比定压热容，$kJ \cdot kg^{-1} \cdot ℃^{-1}$；

t_1，t_2—冷流体进、出口温度，℃。

$$S_i = \pi d_i L \tag{2.10.4}$$

式中：d_i—传热管内径，m；

L—传热管有效长度，m。

Δt_m—换热器两端温度差的对数平均值，称为对数平均温度差。

$$\Delta t_m = \frac{\Delta t_1 - \Delta t_2}{\ln\left(\frac{\Delta t_1}{\Delta t_2}\right)} = \frac{(T - t_1) - (T - t_2)}{\ln\left[\frac{(T - t_1)}{(T - t_2)}\right]} \tag{2.10.5}$$

式中：t_w—蒸汽壁面温度，℃。

当 $\Delta t_1/\Delta t_2 \leqslant 2$ 时，用算术平均温度差（$\Delta t_m = (\Delta t_1 - \Delta t_2)/2$）代替对数平均温差，误差不超过4%。

根据总传热系数计算式，求管内传热膜系数 α_i：

$$\frac{1}{K} = \frac{1}{\alpha_i} + \frac{b}{\lambda} + \frac{1}{\alpha_0} \tag{2.10.6}$$

式中：α_i—管内传热膜系数，$W \cdot m^{-2} \cdot ℃^{-1}$；

α_0—管外传热膜系数，$W \cdot m^{-2} \cdot ℃^{-1}$；

b—管壁厚度，m；

λ—管材导热系数，$W \cdot m^{-1} \cdot ℃^{-1}$。

由于空气与蒸汽冷凝的传热过程中，热阻主要集中在管内空气一侧，而管外冷凝和管壁热阻远比空气侧热阻小，即$\frac{1}{\alpha_i} \gg \frac{b}{\lambda} + \frac{1}{\alpha_0}$，所以近似取：

$$\alpha_i \approx K \tag{2.10.7}$$

三个准数：

$$Pr = \frac{C_p \mu}{\lambda} \tag{2.10.8}$$

$$Nu = \frac{\alpha_i d_i}{\lambda} \tag{2.10.9}$$

$$Re = \frac{d_i u \rho}{\mu} \tag{2.10.10}$$

准数关联式：

$$Nu = A\,Re^m Pr^n \tag{2.10.11(a)}$$

由于本实验测定的对象是空气在圆形直管内强制湍流的条件下被加热，则 n 可取为 0.4，式(2.10.10)可写成

$$\frac{Nu}{Pr^{0.4}} = A\,Re^m \tag{2.10.11(b)}$$

$\frac{Nu}{Pr^{0.4}}$- Re 关系曲线在双对数坐标上绘制应为一条直线，此直线的斜率为 m，求出 m 值后，取任一组测定数据求得的$\frac{Nu}{Pr^{0.4}}$与对应的 Re 值，由式(2.10.11(b))计算出常数 A，这样即可求出准数关联式中的所有常数，从而得到冷流体在圆形直管内被加热的准数关联式。

(2) 本实验装置的强化传热是采用在换热器内管插入螺旋线圈的方法。螺旋线圈的结构如图 2.10.1 所示，螺旋线圈由直径 1 mm 的钢丝按一定节距绕成，将金属螺旋线圈插入并固定在管内，即可构成一种强化传热管。在近壁区域，流体一方面由于螺旋线圈的作用而发生旋转，另一方面还周期性地受到线圈螺旋金属丝的扰动，从而使传热效果强化。由于绕制线圈的金属丝直径很细，流体旋流强度也较弱，所以阻力较小，有利于节省能源。螺旋线圈是以线圈节距 H 与管内径 d 的比值为技术参数的，称为长径比。长径比是影响传热效果和阻力系数的重要因素。科学家通过实验研究总结了形式为 $Nu = BRe^m$ 的经验公式，其中 B 和 m 的数值因螺旋丝尺寸不同而不同。

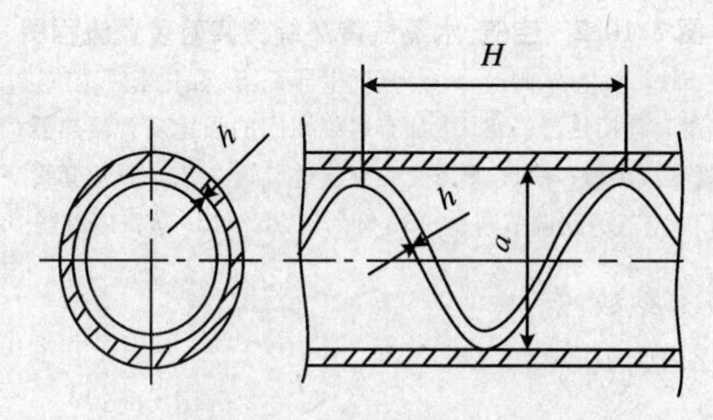

图 2.10.1　螺旋线圈内部结构

单纯研究强化手段的强化效果(不考虑阻力的影响)，可以用强化比的概念作为评判标准，它的形式是$\frac{Nu}{Nu_0}$，其中 Nu 是强化管的努塞尔准数，Nu_0是普通管的努塞尔准数，显然，强化比$\frac{Nu}{Nu_0}>1$，而且比值越大，强化效果越好。

三、实验装置

(1) 实验设备流程图。

传热综合实验装置的流程示意图如图 2.10.2 所示。全套设备由风机输送空气作为冷流体，蒸汽发生器产生的饱和水蒸气为热流体，换热器分光滑套管换热器和强化套管换热器两类。

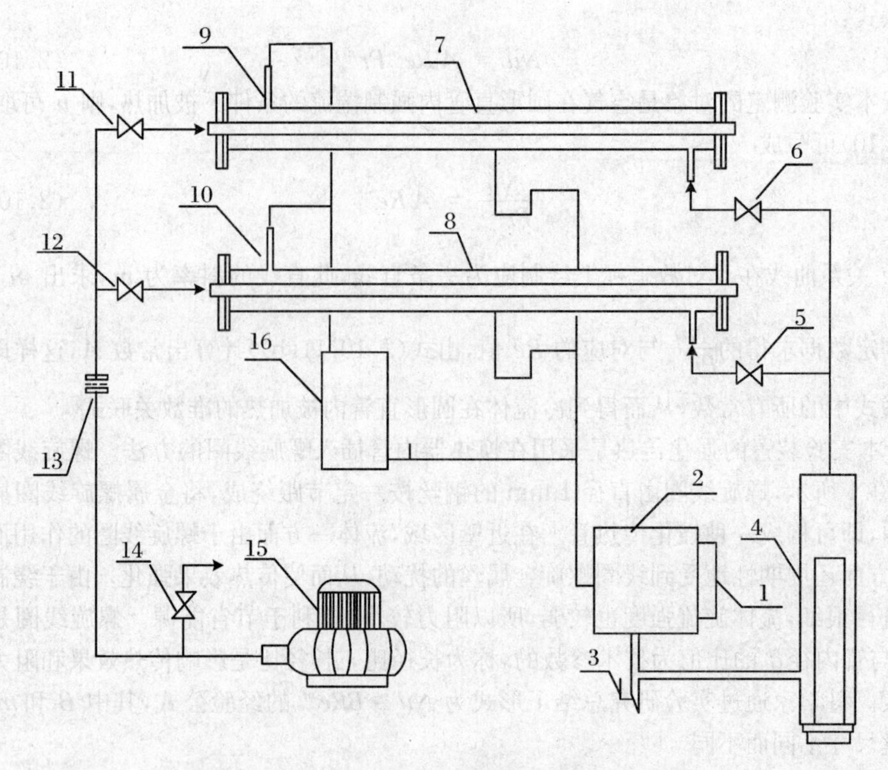

图 2.10.2 空气-水蒸气传热综合实验装置流程图

1. 液位计； 2. 储水罐； 3. 排水阀； 4. 蒸汽发生器； 5. 强化套管蒸汽进口阀； 6. 光滑套管蒸汽进口阀； 7. 光滑套管换热器； 8. 内插有螺旋线圈的强化套管换热器； 9. 光滑套管蒸汽出口； 10. 强化套管蒸汽出口； 11. 光滑套管空气进口阀； 12. 强化套管空气进口阀； 13. 孔板流量计； 14. 空气旁路调节阀； 15. 旋涡气泵； 16. 蒸汽冷凝器

(2) 实验设备主要技术参数。

① 传热管参数见表 2.10.1。

表 2.10.1 实验装置结构参数

项目		参数
实验内管内径 d_i(mm)		20.00
实验内管外径 d_o(mm)		22.0
实验外管内径 D_i(mm)		50
实验外管外径 D_o(mm)		57.0
测量段(紫铜内管)长度 l(m)		1.20
强化内管内插物(螺旋线圈)尺寸	丝径 h(mm)	1
	节距 H(mm)	40
加热釜	操作电压	≤200 V
	操作电流	≤10 A

② 空气流量计参数如下。

由孔板与压力传感器及数字显示仪表组成空气流量计。空气流量由公式(2.10.12)计算：

$$V_{t1} = c_0 \times A_0 \times \sqrt{\frac{2 \times \Delta P}{\rho_{t1}}} \qquad (2.10.12)$$

式中：c_0—孔板流量计孔流系数，$c_0 = 0.65$；

A_0—孔面积，$A_0 = \frac{\pi}{4} d_0^2$，$m^2$；

d_0—孔板孔径，$d_0 = 0.014$ m，m；

ΔP—孔板两端压差，kPa；

ρ_{t1}—空气入口温度(即流量计处温度)下密度，$kg \cdot m^{-3}$。

实验条件下的空气流量 V_m($m^3 \cdot h^{-1}$)需按式(2.10.13)换算：

$$V_m = V_{t1} \times \frac{273 + \bar{t}}{273 + t_1} \qquad (2.10.13)$$

式中：V_m—实验条件(管内平均温度)下的空气流量，$m^3 \cdot h^{-1}$；

$\bar{t}$—空气进出口算术平均温度，℃；

t_1—传热内管空气进口(即流量计处)温度，℃。

③ 温度测量：空气入、出传热管测量段的温度均由 Pt100 铂电阻温度计测量，可由数字显示仪表直接读出。

传热管外壁面平均温度由热电偶为铜-康铜温度计测量并由数字仪表显示。

④ 蒸汽发生器：产生水蒸气的装置，内装 2.50 kW 电热器一支，加热电压控制在 120 V 左右，加热约15 min左右水开始沸腾有蒸汽产生。蒸汽发生器旁边配有方形储水箱，可连续向蒸汽发生器内注水。每次实验前应先检查水箱液位，其液位不低于水箱高度三分之二时方可加热，以免由于缺水使加热器干烧造成事故。蒸汽发生器所产生的蒸汽通过换热器的壳程后排出，经过蒸汽冷凝器冷凝后回到储水箱中循环使用。

⑤ 气源(鼓风机)：旋涡气泵 XGB－12 型。

四、实验步骤

1. 实验前的检查准备

(1) 向水箱中加水至液位计上端。

(2) 检查空气流量旁路调节阀 14 是否全开(应全开)。

(3) 检查蒸汽管支路各控制阀 6(5)和空气支路控制阀 11(12)是否已打开(应保证有一路是开启状态)，保证蒸汽和空气管线畅通。

2. 开始实验

(1) 手动实验操作。

① 合上电源总开关。设定加热电压 150 V(不得大于 200 V)后打开加热开关，在整个实验过程中传热管壁面温度始终高于 100 ℃，蒸气经蒸汽冷凝器冷凝后回到水箱。(加热电压的设定：按一下加热电压控制仪表的 ◀ 键，在仪表的 SV 显示窗中右下方出现一闪烁的小点，每

按一次 ◀ 键，小点便向左移动一位，小点在那个位子上就可以利用 ▲、▼ 键调节相应位子的数值，调好后在不按动仪表上任何按键的情况下 30 s 后仪表自动确认，并按所设定的数值应用。仪表面板示意图如图 2.10.3 所示。）

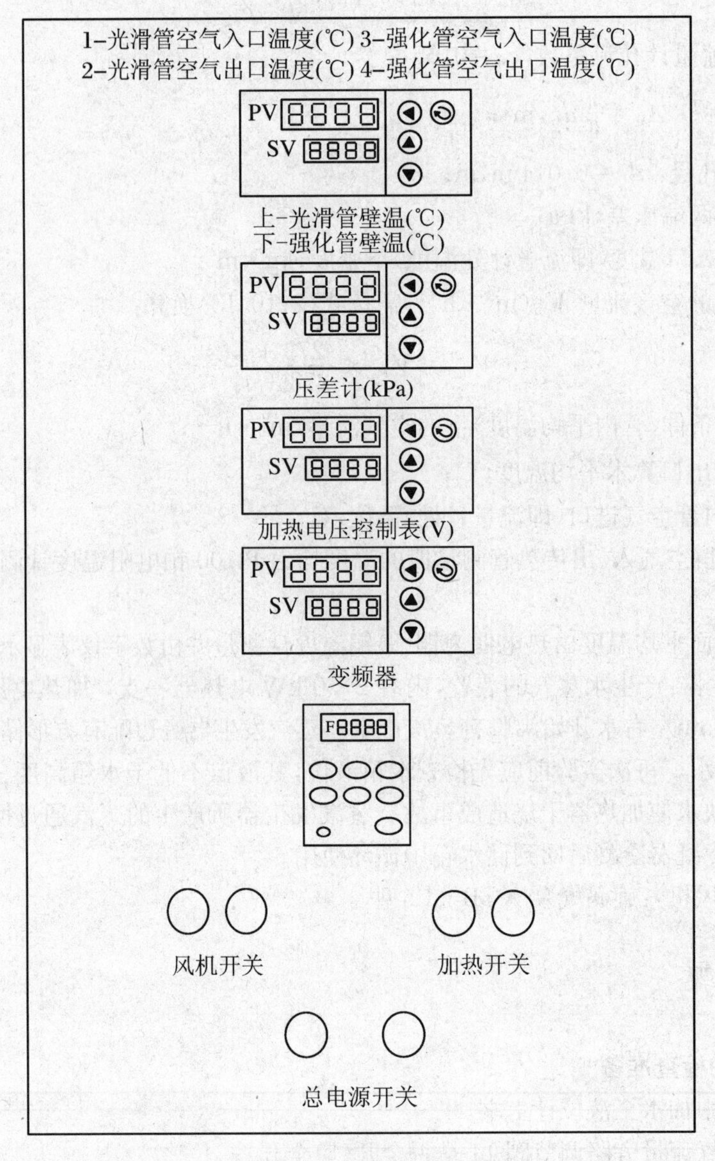

图 2.10.3　仪器面板示意图

② 关闭强化套管换热器空气进口阀 12。

③ 启动风机并用旁路调节阀 14 来调节空气的流量（或者用流量表 SV 值设置流量），在一定的流量下稳定 7～8 min，分别测量空气的流量，空气进、出口的温度和壁面温度。

④ 改变流量，重复③分别测取 5～6 组数据。

⑤ 打开强化套管换热器空气进口阀 12，关闭光滑套管换热器空气进口阀 11。

⑥ 重复③、④步骤，继续实验，分别测取 5～6 组数据。

⑦ 实验结束后，依次关闭加热、风机和总电源。一切复原。

(2) 应用计算机操作。

① 启动计算机，实验设备通电，关闭空气旁路调节阀。

② 打开计算机进入应用程序，在实验操作界面中点击“加热电压开关”上的绿色按键，在加热电压的红色数字上点击，在弹出的对话框中输入相应加热电压值后，占击“确定”并开始加热。

③ 待水蒸气温度达到 100 ℃后，在实验操作界面中点击“风机开关”绿色按键，启动风机。

④ 在实验操作界面中选择所进行的实验换热器。

⑤ 在流量调节窗中输入一定的数值后，按下“流量调节”键，程序会按所输入的数值相应地调节变频器的频率，以达到改变空气流量的目的，待流量稳定 7～8 min 后，点击“数据采集”即可完成一次数据的记录，在操作界面的上方会显示出这次所采集的数据，在操作界面的右下方出现相应的数据采集点。再次在流量调节窗中输入数值用以改变流量，待流量稳定后继续采集。

⑥ 切换另一个换热器，实验步骤同上，进行数据采集。

⑦ 待数据采集结束后，将两次实验结果合并，进行整理。点击操作界面左上方的“文件”，选择“结束实验”，对实验数据进行保存或打印。

⑧ 结束实验，可利用计算机程序关闭风机和停止加热，最后结束程序，一切复原。

五、实验注意事项

(1) 实验前一定要检查水箱液位及时补水，防止干烧引发事故。

(2) 加热前一定要检查阀门 5 或阀门 6 处于常开的位置。开始加热时，加热电压控制在 150 V 左右。

(3) 加热约 10 min 后，可提前启动鼓风机，保证实验开始时空气入口温度 t_1(℃)比较稳定，这样可节省实验时间。

(4) 注意电源线的相线、零线、地线连接要正确。

六、实验结果与分析

(1) 可参考表 2.10.2 和表 2.10.3 记录及整理数据。

表 2.10.2　数据记录及整理结果(普通管换热器)

序　号	1	2	3	4	5	6
流量计压差 ΔP(kPa)						
空气进口温度 t_1(℃)						
空气出口温度 t_2(℃)						
蒸汽壁温 T(℃)						

续表

序　号	1	2	3	4	5	6
孔板处空气密度 ρ_{t1}(kg・m^{-3})						
空气进出口平均温度 $\bar{t}$(℃)						
空气密度 ρ(kg・m^{-3})						
导热系数 $\lambda\times100$(W・m^{-1}・K^{-1})						
比定压热容 C_p(J・kg^{-1}・K^{-1})						
黏度 $\mu\times10\,000$(Pa・s)						
空气进出口温差 t_2-t_1(℃)						
平均温差 Δt_m(℃)						
流量计处体积流量 V_{t1}(m^3・h^{-1})						
管内平均体积流量 V_m(m^3・h^{-1})						
管内平均质量流量 W(kg・s^{-1})						
管内平均流速 u(m・s^{-1})						
传热速率 Q(W)						
α_i(W・m^{-2}・℃$^{-1}$)						
Re						
Nu_0						
$Nu_0/Pr^{0.4}$						

表 2.10.3　数据记录及整理表(强化管换热器)

序　号	1	2	3	4	5	6
流量压差 ΔP(kPa)						
空气进口温度 t_1(℃)						
空气出口温度 t_2(℃)						
蒸汽壁温 t_w(℃)						
孔板处空气密度 ρ_{t1}(kg・m^{-3})						
空气进出口平均温度 t_m(℃)						
空气密度 ρ(kg・m^{-3})						
导热系数 $\lambda\times100$(W・m^{-1}・K^{-1})						
比定压热容 C_p(J・kg^{-1}・K^{-1})						

续表

序　号	1	2	3	4	5	6
黏度 $\mu\times10\,000$(Pa·s)						
空气进出口温差 t_2-t_1(℃)						
平均温差 Δt_m(℃)						
流量计处体积流量 V_{t1}($m^3\cdot h^{-1}$)						
管内平均体积流量 V_m($m^3\cdot h^{-1}$)						
管内平均质量流量 W($kg\cdot s^{-1}$)						
管内平均流速 u_m($m\cdot s^{-1}$)						
传热速率 Q(W)						
α_i($W\cdot m^{-2}\cdot ℃^{-1}$)						
Re						
Nu						
$Nu/Pr^{0.4}$						

(2) 计算各实验空气流量下的传热速率 Q、对流传热膜系数 α_i 以及三个准数 Nu_0，Pr，Re。

(3) 在双对数坐标纸上标绘 $\frac{Nu}{Pr^{0.4}}$-Re 曲线，并求 $\frac{Nu}{Pr^{0.4}}=A\,Re^m Pr^n$ 式中系数 A，指数 m，n 值，最后得到准数关联式。

(4) 计算强化管努塞特准数 Nu 及其强化比。

(5) 讨论总传热系数 K_i 或对流传热膜系数 α_i 随空气流量的变化情况。

七、思考题

(1) 实验过程中为什么要排出不凝性气体?

(2) 对于同一个换热器，若冷、热流体的流量均不变，仅改变操作方式(逆流操作变为并流操作，或并流操作变为逆流操作)，试问总传热系数 K_i 是否会发生变化?

(3) 要提高实验数据的准确度，实验操作中需要注意哪些问题?

(4) 实验中所测的壁温是靠近蒸汽侧温度，还是靠近空气侧温度?

(5) 如果采用不同压力的蒸汽进行实验，对关联式是否有影响?

(6) 设蒸汽冷凝传热膜系数 $\alpha_0=1.4\times10^4\ W\cdot m^{-2}\cdot ℃^{-1}$，任选一组数据计算管内传热膜系数 α_i，求管内、管壁和管外热阻及其所占的百分比。并说明用总传热系数 K_i 代替管内传热膜系数 α_i 是否合适。

实验十一 流化床干燥器干燥曲线的测定

一、实验目的

(1) 采用流化床干燥器,以热空气为干燥介质,以水为湿分,测定固体颗粒物料(硅胶球形颗粒)的干燥曲线和干燥速度曲线,以及临界点和临界湿含量。

(2) 通过实验掌握对流干燥的实验研究方法,了解流化床干燥器的主要结构与流程,以及流态化干燥过程的各种性状,进而加深对干燥过程原理的理解。

二、实验原理

固体干燥是利用热能使固体物料与湿分分离的操作。在工业中,固体干燥有多种方法,其中以对流干燥方法,应用最为广泛。对流干燥是利用热空气或其他高温气体介质掠过物料表面,介质向物料传递热能同时物料向介质中扩散湿分,达到去湿之目的。对流干燥过程中,同时在气固两相间发生传热和传质过程,其过程机理颇为复杂。并且,对流干燥设备的形式又多种多样。因此,目前对干燥过程的研究仍以实验研究为主。

干燥过程的基础实验研究是测定固体湿物料的干燥曲线、临界湿含量和干燥速度曲线等基础数据。

(一) 干燥曲线

在流化床干燥器中,颗粒状湿物料悬浮在大量的热空气气流中进行干燥。在干燥过程中,湿物料中的水分随着干燥时间增长而不断减少。在恒定空气条件(即空气的温度、湿度和流动速度保持不变)下,实验测定物料中含水量随时间的变化关系,将其标绘成曲线,即为湿物料的干燥曲线。湿物料含水量可以湿物料的质量为基准(称之为湿基),或以绝干物料的质量为基准(称之为干基)来表示。

当湿物料中绝干物料的质量为 m_c,水的质量为 m_w时,则:

以湿基表示的湿物料含水量为

$$w = \frac{m_w}{m_c + m_w} \quad (\mathrm{kg(水)\cdot kg^{-1}(湿物料)}) \tag{2.11.1}$$

以干基表示的湿物料含水量为

$$W = \frac{m_w}{m_c} \quad (\mathrm{kg(水)\cdot kg^{-1}(绝干物料)}) \tag{2.11.2}$$

湿含量的两种表示方法存在如下关系:

$$w = \frac{W}{1 + W} \tag{2.11.3}$$

$$W = \frac{w}{1 - w} \tag{2.11.4}$$

在恒定的空气条件下测得干燥曲线如图 2.11.1 所示。显然，空气干燥条件不同，干燥曲线位置也将随之不同。

（二）干燥速度曲线

物料的干燥速度即水分气化的速度。

若以固体物料与干燥介质的接触面积为基准，则干燥速度可表示为

$$N_A = \frac{-m_c \mathrm{d}W}{A\mathrm{d}t} \quad (\mathrm{kg \cdot m^{-2} \cdot s^{-1}}) \tag{2.11.5}$$

若以绝干物料的质量为基准，则干燥速度可表示为

$$N'_A = \frac{-\mathrm{d}W}{\mathrm{d}t} \quad (\mathrm{s^{-1}}\ 或\ \mathrm{kg}(水) \cdot \mathrm{kg^{-1}}(绝干物料) \cdot \mathrm{s^{-1}}) \tag{2.11.6}$$

式中：m_c—绝干物料质量，kg；

A—气固相接触面积，m^2；

W—物料含水量，kg（水）· kg^{-1}（绝干物料）；

t—气固两相接触时间，也即干燥时间，s。

由此可见，干燥曲线上各点的斜率即为干燥速度。若将各点的干燥速度对固体的含水量标绘成曲线，即为干燥速度曲线，如图 2.11.2 所示。干燥速度曲线也可采用干燥速度对自由含水量进行标绘。在实验曲线的测绘中，干燥速度值也可近似地按下列差分进行计算：

$$N'_A = \frac{-\Delta W}{\Delta t} \quad (\mathrm{s^{-1}}) \tag{2.11.7}$$

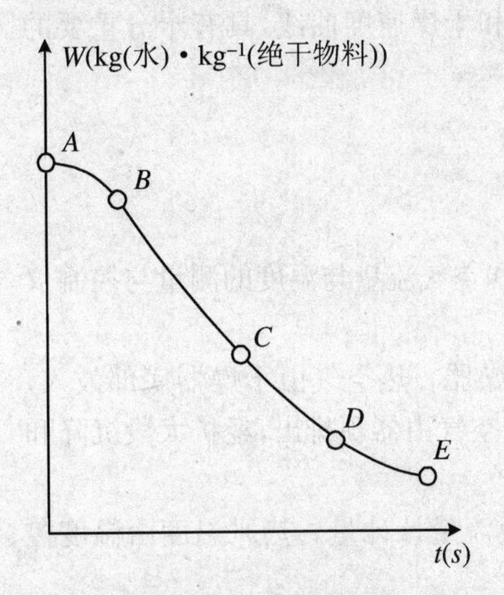

图 2.11.1　干燥曲线

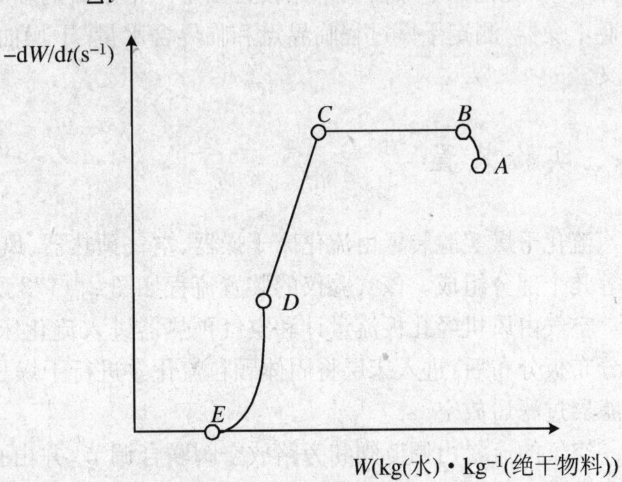

图 2.11.2　干燥速度曲线

（三）临界点和临界含水量

从干燥曲线和干燥速度曲线可知，在恒定干燥条件下，干燥过程可分为如下三个阶段。

1. 物料预热阶段

当湿物料与热空气接触时,热空气向湿物料传递热量,湿物料温度逐渐升高,一直达到热空气的湿球温度。这一阶段称为预热阶段,如图 2.11.1 和图 2.11.2 中的 *AB* 段所示。

2. 恒速干燥阶段

由于湿物料表面存在液态的非结合水,热空气传给湿物料的热量,使表面水分在空气湿球温度下不断气化,并由固相向气相扩散。在此阶段,湿物料的含水量以恒定的速度不断减少。因此,这一阶段称为恒定干燥阶段,如图 2.11.1 和图 2.11.2 中的 *BC* 段所示。

3. 降速干燥阶段

当湿物料表面非结合水已不复存在时,固体内部水分由固体内部向表面扩散后气化,或者气化表面逐渐内移,因此水分的气化速度受内扩散速度控制,干燥速度逐渐下降,一直达到平衡含水量而终止。因此这个阶段称为降速干燥阶段,如图 2.11.1 和图 2.11.2 中的 *CDE* 段所示。

在一般情况下,第一阶段相对于后两阶段所需时间要短得多,因此一般可略而不计,或归入 *BC* 段一并考虑。根据固体物料特性和干燥介质的条件,第二阶段与第三阶段所需干燥时间长短不一,甚至有的可能不存在其中某一阶段。

第二阶段与第三阶段干燥速度曲线的交点称为干燥过程的临界点,该交叉点上的含水量称为临界含水量。

干燥速度曲线中临界点的位置,也即临界含水量的大小,受众多因素的影响。它受固体物料的特性、物料的形态和大小、物料的堆积方式、物料与干燥介质的接触状态以及干燥介质的条件(湿度、温度和风速)等因素的复杂影响。例如,同样的颗粒状固体物料在相同的干燥介质条件下,在流化床干燥器中干燥较在固定床中干燥的临界含水量要低。因此,在实验室中模拟工业干燥器,测定干燥过程临界点和临界含水量、干燥曲线和干燥速度曲线,具有十分重要的意义。

三、实验装置

流化干燥实验装置由流化床干燥器、空气预热器、风机和空气流量与温度的测量与控制仪表等几个部分组成。该实验仪的装置流程如图 2.11.3 所示。

空气由风机经孔板流量计和空气预热器进入流化床干燥器。热空气由干燥器底部鼓入,经分布板分布后,进入床层将固体颗粒流化并进行干燥。湿空气由器顶排出,经扩大段沉降和过滤器过滤后放空。

空气的流量由调节阀和旁路放空阀联合调节,并由孔板流量计计量。热风温度由温度控制仪自动控制,并由数字显示出床层温度。

固体物料采用间歇操作方式,由干燥器顶部加入,实验毕在流化状态下由下部卸料口流出。分析用试样由采样器定时采集。

流化床干燥器的床层压降由 U 形压差计测取。

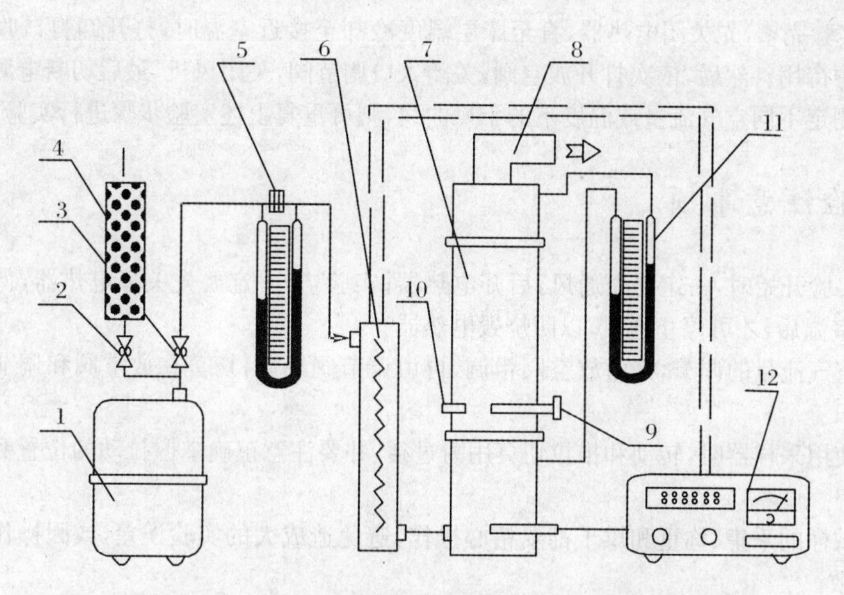

图 2.11.3　流化床干燥器干燥曲线测定的实验装置流程图

1. 风机；2. 放空阀门；3. 调节阀门；4. 消声器；5. 孔板流量计；6. 空气预热器；7. 流化床干燥器；8. 排气口；9. 采样器；10. 卸料口；11. U形压差计；12. 温度控制与测量仪

四、实验步骤

1. 实验的准备工作

(1) 将硅胶颗粒用纯水浸透，沥去多余水分，密闭静止 1～2 h 后待用。将称量瓶洗净、烘干，并称重后，放入保干器中待用。

(2) 完全开启放空阀门，并关闭干燥器的入口调节阀，然后启动风机。按预定的风量缓慢调节风量（风机上的旋钮、放空阀和入口调节阀三者联合调节）。本实验的风量一般控制在 $30\ m^3 \cdot h^{-1}$左右为宜。

(3) 按预定的干燥温度调定控温仪上的设定值，然后打开电热器的开关和测温开关，直至床层温度恒定。热风温度的选定与空气湿度和物料性质等有关，本实验以采用 60～80 ℃为宜。

2. 实验操作步骤

(1) 适当减少风量，将准备好的湿物料由器顶迅速倒入干燥器床层内，适当增大风量，使颗粒松动后，测量静床层堆积高度。

(2) 迅速将风量调回到预定值，待流化均匀后，测量床层流化高度，并同时开始测定干燥过程的第一组数据（也即起始湿含量）。然后，每隔 5 min 采集一次试样，记录一次床层温度和压降，直至干燥过程结束。本实验一般要求采集 10～12 组数据。

(3) 每次采集的试样放入称量瓶后，迅速将盖盖紧。用天平称取各瓶重量后，放入烘箱在 150～170 ℃下烘 2～4 h。烘干后将称量瓶放入保干器中，冷却后再称重。

(4) 实验完毕,先关闭电热器,直至床层温度冷却至接近室温时,打开卸料口收集固体颗粒于容器中待用。然后,依次打开放空阀,关闭入口调节阀,关闭风机,最后切断电源。

若欲测定不同空气流量或温度下的干燥曲线,则可重复上述实验步骤进行实验。

五、实验注意事项

(1) 实验开始时,一定要先通风,后开电热器;实验毕,一定要先关掉电热器,待空气温度降至接近室温后,才可停止通风,以防烧毁电热器。

(2) 空气流量的调节,先由放空阀粗调,再由调节阀细调,切莫在放空阀和调节阀全闭下启动风机。

(3) 使用采样器时,转动和推拉切莫用力过猛,并要注意正确掌握拉动的位置和扭转的方向和时机。

(4) 试样的采集、称重和烘干都要精心操作,避免造成大的实验误差,或因操作失误而导致实验失败。

六、实验结果与分析

(1) 测量并记录实验基本参数。

① 流化床干燥器:

床层内径 $d = 100$ mm

静床层高度 $H_m = 130$ mm

② 固体物料:

固体物料种类 球形颗粒状变色硅胶

颗粒平均直径 $d_p = 1.0 \sim 1.2$ mm

湿分种类 水

起始湿含量 $W_0 =$ kg(水)·kg^{-1}(绝干料)

③ 干燥介质:

干燥介质种类 空气

干球温度 $T_0 =$ ℃

湿球温度 $T_{w,c} =$ ℃

湿度 $H_0 =$ kg(水)·kg^{-1}(绝干空气)

④ 孔板流量计:

锐孔内径 $d_0 = 18$ mm

管内径 $d_1 = 26$ mm

孔流系数 $c_0 = 0.64$

(2) 记录测得的实验数据。

① 实验条件:

操作压力 $P =$ MPa

空气流量计读数　$R_0 =$ 　mmH_2O
空气流量　$V_{s,0} =$ 　$m^3 \cdot s^{-1}$
空气的空塔速度　$u_0 =$ 　$m \cdot s^{-1}$
空气的入塔温度　$T_1 =$ 　℃
流化床的流化高度　$H_f =$ 　mm
流化床的膨胀比　$R =$
② 实验数据记录于表2.11.1中。

表2.11.1　实验数据

实验内容	
干燥时间 t(min)	
床层温度 T_b(℃)	
床层压降 Δp(mmH_2O)	
称量瓶重 m_v(g)	
湿试样毛重 $m_c + m_w + m_v$(g)	
干试样毛重 $m_c + m_v$(g)	
湿试样净重 $m_c + m_w$(g)	
干试样净重 m_c(g)	
试样中的水量 m_w(g)	

(3) 参考表2.11.2整理实验数据。

表2.11.2　数据整理

实验内容	
干燥时间 t(min)	
物料湿含量 W(kg(水)·kg^{-1}(绝干料))	

(4) 按照在一定干燥条件下测得的实验数据，标绘出干燥曲线($W-t$ 曲线)和床层温度变化曲线(T_b-t 曲线)。
(5) 由干燥曲线标绘干燥速度曲线。
(6) 根据实验结果确定临界点和临界湿含量。

七、思考题

(1) 本实验湿物料含水量为何以绝干物料的质量(干基)为基准？
(2) 如何以干燥曲线绘制干燥速度曲线？从干燥速度曲线可以得到哪些信息？

实验十二　连续搅拌釜式反应器液体停留时间分布实验

一、实验目的

(1) 观察和了解连续流动的单级、二级串联或三级串联搅拌釜式反应器的结构、流程和操作方法。

(2) 掌握一种测定停留时间分布的实验技术。

(3) 初步掌握液体连续流过搅拌釜式反应器的流动模型的检验和模型参数的测定方法。通过实验对于停留时间分布与返混的概念,以及有关流动特性教学模型的概念、原理和研究方法会有更具体的了解和更加深入的理解。

二、实验原理

当流体连续流过搅拌釜式反应器时,由于各种原因造成物料质点在反应器内停留时间不一定完全相同,因此形成不同的停留时间分布。不同停留时间分布直接影响反应的结果(如反应的最终转化率可能不同)。

单级连续搅拌釜式反应器的理想流动模型为全混流模型,而实际反应器是否达到理想流动模型,需要通过实验来检验。非理想流动反应器的流动模型也需要通过实验来确定。多级连续搅拌釜式反应器的流动特性和流动模型也都需要通过实验来进行研究。

连续流动的搅拌釜式反应器的流动特性的研究和流动模型的建立,一般采用实验测定停留时间分布的方法。实验测定停留时间分布的方法常用的有脉冲激发-响应技术和阶跃激发-响应技术。本实验采用脉冲激发的方法测定液体(水)连续流过搅拌釜式反应器的停留时间分布曲线。由此了解反应器的流动特性和流动模型。

流体流经反应器的流动状况,可以采用激发-响应技术,通过实验测定停留时间分布,以一定的表达方式加以描述。本实验采用的脉冲激发方法是在设备入口处,向主体流体瞬时注入少量示踪剂,与此同时在设备入口处检测示踪剂的浓度 $C(t)$随时间 t 的变化关系数据或变化关系曲线。由实验测得的 $C(t)-t$ 变化关系曲线可以直接转换为停留时间分布密度$E(t)$随时间 t 的关系曲线。

由实验测得的 $E(t)-t$ 曲线的图像,可以定性判断流体流经反应器的流动状况。

由实验测得全混流反应器和多级串联全混流反应器的 $E(t)-t$ 曲线的典型图像如图2.12.1所示。若各釜的有效体积分别为 V_1,V_2和 V_3,且各釜体积相同,即 $V_1=V_2=V_3$,当单级、二级和三级全混流反应器的总有效体积保持相同,即 $V_{1\text{-CSTR}}=V_{2\text{-CSTR}}=V_{3\text{-CSTR}}$时,则其$E(t)-t$ 曲线的图像如图 2.12.1(a)所示;当各釜体积虽然相同,但单釜、二釜串联、三釜串联的总有效体积又各不相同时,如单釜有效体积 $V_{1\text{-CSTR}}=V_1$,而双釜串联总有效体积 $V_{2\text{-CSTR}}=$

$V_1+V_2=2V_1$，三釜串联的总有效体积 $V_{3\text{-CSTR}}=V_1+V_2+V_3=3V_1$，则其 $E(t)$- t 曲线的图像如图 2.12.1(b)所示。

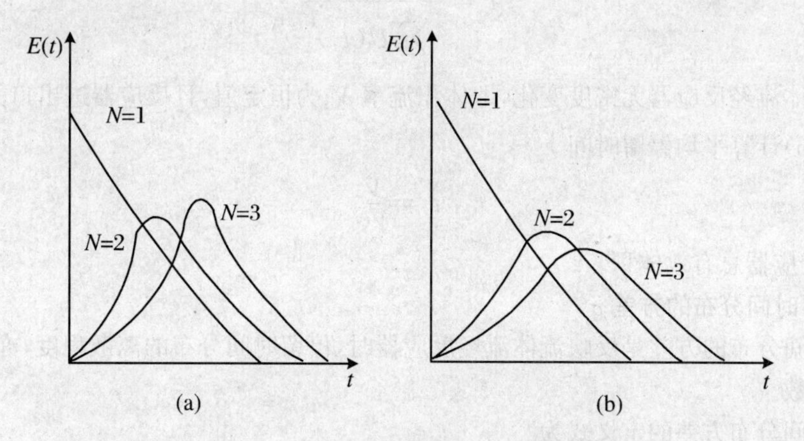

图 2.12.1　全混流反应器和多级串联全混流反应器的 $E(t)$- t 曲线

停留时间分布属于随机变量的分布，除了用上述直观图像加以描述外，通常还可以采用一些特征数来表征分布的特征。概率论上表征这种分布的数字特征主要是数学期望和方差。

1. 停留时间分布的数学期望 $\hat{t}$

随机变量的数学期望也就是该变量的平均数。流体流经反应器的停留时间分布的数学期望的定义式为

$$\hat{t}=\frac{\int_0^{\infty}tE(t)\mathrm{d}t}{\int_0^{\infty}E(t)\mathrm{d}t} \tag{2.12.1}$$

如果取等时间间隔的离散数据，即 Δt_i 为定值，则停留时间的数学期望可按式(2.12.2)计算：

$$\hat{t}=\frac{\sum_{i=1}^{n}t_iE(t_i)}{\sum_{i=1}^{n}E(t_i)} \tag{2.12.2}$$

本实验以水为主流流体，氯化钾饱和溶液为示踪剂。当水的进出口体积流率恒为 V_s，示踪剂的注入量为 n_0时，则停留时间分布密度与示踪剂浓度的关系为

$$E(t)=\frac{V_s}{n_0}C(t) \tag{2.12.3}$$

本实验采用电导率仪测定反应器出口处的示踪剂浓度，且已知水溶液中电导率与水溶液中氯化钾的浓度 $C(t)$呈过原点的线性关系，又知电导率与电导率仪输出的电压显示值 $U(t)$呈线性关系，则停流时间分布密度 $E(t)$与电压显示值 $U(t)$存在如下关系：

$$E(t)=\frac{V_s}{n_0}C(t)=KU(t) \tag{2.12.4}$$

式中：K—换算系数，在一定测试条件下为一常数。

由此，可将式(2.12.2)经过变换，停留时间分布的数学期望又可按式(2.12.5)计算：

$$\hat{t} = \frac{\sum_{i=1}^{n} t_i U(t_i)}{\sum_{i=1}^{n} U(t_i)} \quad (2.12.5)$$

如果流体流经反应器无密度变化,即体积流率 V_s 为恒定值,且反应器进出口无返混,则可按式(2.12.6)计算平均停留时间 $\bar{t}$:

$$\bar{t} = \frac{V}{V_s} \quad (2.12.6)$$

式中:V—反应器总有效体积。

2. 停留时间分布的方差 σ_t^2

停留时间分布的方差是反映流体流经反应器时,停留时间分布的离散程度,亦即返混程度大小的特征数。

停留时间分布方差的定义式为

$$\sigma_t^2 = \frac{\int_0^{\infty} (t - \hat{t})^2 E(t) \mathrm{d}t}{\int_0^{\infty} E(t) \mathrm{d}t} \quad (2.12.7)$$

经整理后又可得

$$\sigma_t^2 = \int_0^{\infty} t^2 E(t) \mathrm{d}t - \hat{t} \quad (2.12.8)$$

如果采集等时间间隔的离散数据,则 σ_t^2 可按式(2.12.9)计算:

$$\sigma_t^2 = \frac{\sum_{i=1}^{n} t_i^2 E(t_i)}{\sum_{i=1}^{n} E(t_i)} - \hat{t}^2 \quad (2.12.9)$$

按照上述相同原由,本实验中方差值可按式(2.12.10)计算:

$$\sigma_t^2 = \frac{\sum_{i=1}^{n} t_i^2 U(t_i)}{\sum_{i=1}^{n} U(t_i)} - \hat{t}^2 \quad (2.12.10)$$

3. 以无因次时间为时标的数字特征

无因次时间 θ 的定义式为

$$\theta = \frac{t}{\bar{t}} \quad (2.12.11)$$

以无因次时间为变量的数学期望

$$\hat{\theta} = \int_0^{\infty} \theta E(\theta) \mathrm{d}\theta = 1 \quad (2.12.12)$$

以无因次时间为变量的方差

$$\sigma_\theta^2 = \int_0^{\infty} (\theta - \hat{\theta})^2 E(\theta) \mathrm{d}\theta = \int_0^{\infty} \theta^2 E(\theta) \mathrm{d}\theta - 1 \quad (2.12.13)$$

σ_θ^2 与 σ_t^2 两者之间存在如下关系:

$$\sigma_\theta^2 = \frac{\sigma_t^2}{\hat{t}} \tag{2.12.14}$$

4. 流动模型与模型参数

单釜或多釜串联的连续流动搅拌釜式反应器的理想流动模型的检验，或非理想流动反应器偏离理想流动模型的程度，一般常采用多级全混流模型来模拟实际过程。该模型为单参数模型，模型参数为虚拟的串联级数 N。

由多级全混流反应器的物料衡算可导出其停留时间分布密度的数学表达式，即

$$E(t) = \frac{1}{(N-1)!} \cdot \frac{N}{\hat{t}} \cdot \left(\frac{Nt}{\hat{t}}\right)^{N-1} \cdot e^{-Nt/\hat{t}} \tag{2.12.15}$$

联立式(2.12.7)和式(2.12.14)两式求解可得模型参数

$$N = \frac{\hat{t}^2}{\sigma_t^2} \tag{2.12.16}$$

或

$$N = \frac{1}{\sigma_\theta^2} \tag{2.12.17}$$

由模型参数 N 的数值可检测理想流动反应器和度量非理想流动反应器的返混程度。当实验测得模型参数 N 值与实际反应器的釜数相近时，则该反应器达到了理想的全混流模型。若实际反应器的流动状况偏离了理想流动模型，则可用多级全混流模型来模拟其返混情况，用其模型参数 N 值来定量表征返混程度。

三、实验装置

本实验装置由三个等容积的搅拌釜串联组合而成。装置中还配有电导率仪、信号放大器与 A/D 转换器、转速调节与测量仪，以及微型电子计算机等仪器，其装置流程如图 2.12.2 所示。

三个搅拌釜的内径均为 100 mm，高度均为 200 mm，高径比为 2。釜内搅拌器由直流电机经端面磁驱动器间接驱动，并由转速调节仪进行调控和测速。

主流流体（水）自循环水槽的出口，经调节阀和流量计，由第 1 釜顶部加入，再由器底排出后进入第 2 釜，如此逐级下流，最后由第 3 釜釜底排出，经电导池后排入下水道。

示踪剂可根据实验需要，分别由各釜釜顶注入口注入。如单釜实验可在第 3 釜釜顶注入；二级串联釜实验可在第 2 釜釜顶注入；三级串联釜实验可在第 1 釜釜顶注入。

由电导率仪测得设备出口液体中示踪剂浓度变化的电信号，经放大和 A/D 转换输入计算机。

四、实验步骤

1. 实验前的准备工作

(1) 将循环水槽和循环水泵灌满水，启动循环水泵，排尽泵内和管线内的气体。

(2) 按实验计划调节水的流量，流量一般可在 30～60 $L \cdot h^{-1}$ 范围内调节。再由釜顶放空

法和釜底排水法联合调节釜内液面高度。一般以调至与挡板上沿平齐为宜。

(3) 启动电路控制器、电导率仪和电子计算机,并调好数据采集程序。

调节和校正电导率仪,直至屏幕上显示的电压值稳定。

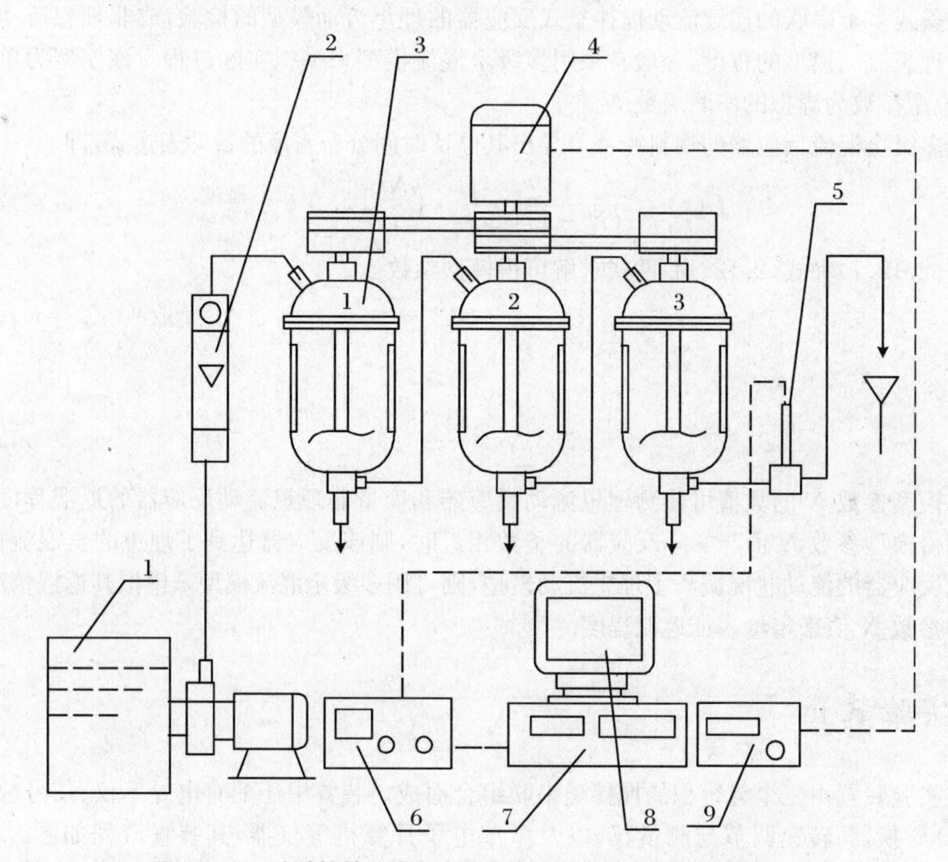

图 2.12.2 连续搅拌釜式反应器液体停留时间分布实验装置流程

1. 循环水槽; 2. 转子流量计; 3. 搅拌釜; 4. 调速电机; 5. 电导电极; 6. 电导检测与信号放大; 7. A/D 转化器; 8. 电子计算机; 9. 电路控制器

2. 测定停留时间分布

(1) 用注射器将适量示踪剂(KCl 饱和溶液)迅速由釜顶的注入口注入釜内。同时,在计算机键盘上按下数据采集指令键(S 键)。

示踪剂注入量应与主体流体的流量相适应,以屏幕上显示最高电压值不超过 450 mV 为度(一般 2.5 mL 左右)。注入口根据实验要求,单釜、双釜或三釜串联实验,分别由第 3 釜、第 2 釜或第 1 釜釜顶注入口注入。

(2) 当采集的电压值再次重复出现初值时,按下终止采集数据的指令键(Q 键),终止采集。将采集的数据加以文件名存入机内待用。

若欲改变操作条件(如改变水的流量或搅拌速度),则可按上述实验步骤重复实验。

3. 实验结束工作

(1) 先关闭计算机,再关闭电导率仪,并将转速缓慢调至零,最后关闭电路控制器的电源开关。

(2) 先关闭进水调节阀，再关闭泵的出口阀，最后停泵。

(3) 将釜内液体全部排尽。

五、实验注意事项

(1) 实验过程中，要保持水的流量和釜内液面高度稳定，并保证各釜有效容积相等。若液面高度不能维持恒定，则需检查是否有漏气的地方。

(2) 实验过程中，要保持操作条件恒定和测试仪器性能稳定。每次实验前，需检查校正电导率仪指针的零点和满量程；保持电极插头洁净，用前最好用丙酮擦拭干净；防止电极上气泡的形成，一旦有气泡必须及时清除（放水控干），否则会影响测量的准确性和稳定性，以致造成实验的失败。

(3) 搅拌器的启动和调速必须缓慢操作，切忌动作过猛，以防损坏设备。

六、实验结果与分析

(1) 记录实验设备与操作基本参数。

① 实验设备参数：

搅拌釜的直径	$D = 100$ mm
高度	$H = 200$ mm
高径比	$H/D = 2$ mm
搅拌器的形式	旋桨式
桨叶直径	$d = 30$ mm
桨叶宽度	$b = 10$ mm
桨叶高度	$h_1 =$ 　mm
挡板的形式	
宽度	$B = 10$ mm
高度	$h_2 = 120$ mm

② 操作参数：

搅拌釜的级数	$N = 3$
料液高度	$h =$ 　mm
有效容积	$V =$ 　m^2
主流流体（水）的体积流率	$V_{S,O} =$ 　$m^3 \cdot s^{-1}$
示踪剂（KCl 的饱和溶液）注入量	$V_i =$ 　mL
搅拌速度	$n = 100 \sim 300\ r \cdot min^{-1}$
实验数据采集频率	$f =$ 　次/秒
操作温度	$T =$ 　℃
操作压力	$P =$ 　MPa

(2) 参考表 2.12.1 记录实验数据。

表 2.12.1 实验数据

采集的数据序号	
数据采集累计数 n(次)	
电压值 $U(n)$(mV)	

初始电压 U_0 = mV； 起峰电压 U_r = mV；
最高电压 U_{max} = mV。

(3) 参考下列步骤整理实验数据。

① 列表整理实验数据(表 2.12.2)。

表 2.12.2 整理实验数据

采集的数据序号	
时间 t(s)	
电压 $U(t)$(mV)	
$tU(t)$	
$t^2U(t)$	

计算式：

$$t = n/f$$

$$U(t) = U(n) - U_0$$

② 由上列实验数据计算停留时间的主要数字特征和模型参数。见表 2.12.3。

表 2.12.3 主要数字特征和模型参数

平均停留时间 $\overline{t}$(s)	
停留时间的数学期望 $\hat{t}$(s)	
停留时间分布的方差 σ_t^2(s^2)	
停留时间分布的无因次方差 σ_θ^2(—)	
多级全混流模型参数 N(—)	

列出表中各项的计算公式。

③ 根据每次实验结果，检验是否已接近理想流动模型。进而从一系列实验结果中得出实现理想流动模型的主要操作条件的数值范围。

七、思考题

(1) 加入示踪剂时要注意什么？

(2) 本实验中影响模型参数的主要因素有哪些？

(3) 本实验有哪些注意事项？

注 实验结果可在连续搅拌釜式反应器液体停留时间分布仪实验数据处理软件上自动生

成，其步骤如下。

(1) 输入实验数据文件名（采集数据时已建立的文件）。

(2) 按提示输入设备参数。

(3) 按提示输入操作参数。

(4) 计算机自动生成实验数据与实验曲线：

采集数据基本参数；

实验数据；

实验曲线。

(5) 计算机自动进行实验数据整理：

实验数据整理；

$U(t)-t$ 曲线；

停留时间分布的数字特征及流动模型参数。

(6) 计算机自动给出实验结果：

搅拌釜实际串联级数 N；

停留时间分布的无因次方差 σ_θ^2；

按多级全混流模型计算的模型参数 N。

实验十三　固体流态化实验

一、实验目的

(1) 实验观察固定床向流化床转变的过程，以及聚式流化床和散式流化床流动特性的差异。

(2) 测定流化曲线和流化速度，并验证固定床压降和流化床临界流化速度的计算公式。

(3) 初步掌握流化床流动特性的实验研究方法，加深对流体流经固体颗粒层的流动规律和固体流态化原理的理解。

二、实验原理

当流体流经固定床内固体颗粒之间的空隙时，随着流速的增大，流体与固体颗粒之间所产生的阻力也随之增大，床层的压降则不断升高。

为表达流体流经固定床时的压强降与流速的函数关系，曾提出过许多种经验公式。先将一种较为常用的公式介绍如下：

流体流经固定床的压降，可以仿照流体流经空管时的压强公式（Moody 公式）列出。即

$$\Delta p = \lambda_m \cdot \frac{H_m}{d_p} \cdot \frac{\rho u_0^2}{2} \qquad (2.13.1)$$

式中：H_m—固定床层高度，m；

d_p—固体颗粒直径，m；

u_0—流体空管速度，$m \cdot s^{-1}$；

ρ—流体密度，$kg \cdot m^{-3}$；

λ_m—固定床摩擦系数。

固定床的摩擦系数 λ_m可以直接由实验测定。根据实验结果，厄贡(Ergun)提出如下经验公式：

$$\lambda_m = 2\left(\frac{1-\varepsilon_m}{\varepsilon_m^3}\right)\left(\frac{150}{Re_m}+1.75\right) \tag{2.13.2}$$

式中：ε_m—固定床空隙率；

Re_m—修正雷诺数。Re_m可由颗粒直径 d_p，床层空隙率 ε_m，流体密度 ρ，流体黏度 μ 和空管流速 u_0，按下式计算：

$$Re_m = \frac{d_p \rho u_0}{\mu} \cdot \frac{1}{1-\varepsilon_m} \tag{2.13.3}$$

由固定床向流化床转变时的临界速度 u_{mf}，也可由实验直接测定。实验测定不同流速下的床层压降，再将实验数据标绘在双对数坐标上，由作图法即可求得临界流化速度，如图2.13.1所示。

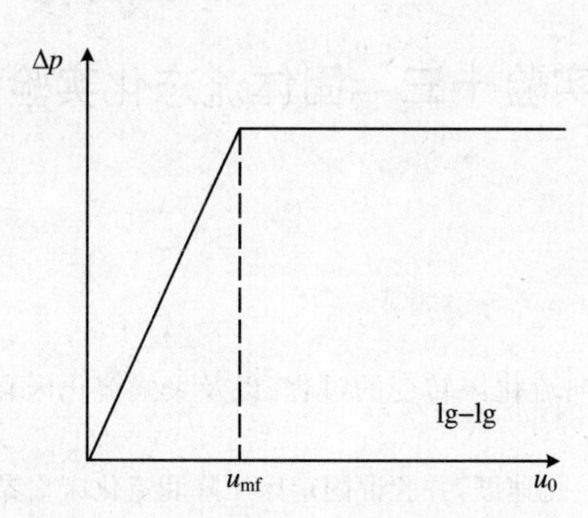

图 2.13.1 流体流经固定床和流化床时的压力降

为计算临界流化速度，研究者们也曾提出过各种计算公式。下面介绍的为一种半理论半经验的公式。

当流态化时，流体流动对固体颗粒产生的向上作用力，应等于颗粒在流体中的净重力，即

$$\Delta p S = H_f S(1-\varepsilon_f)(\rho_s-\rho)g \tag{2.13.4}$$

式中：S—床层横截面积，m^2；

H_f—床层高度，m；

ε_f—床层空隙率；

ρ_s—固体颗粒密度，$kg \cdot m^{-3}$；

ρ—流体的密度，$kg \cdot m^{-3}$。

由此可得出流化床压力降的计算式：

$$\Delta p = H_f(1 - \varepsilon_f)(\rho_s - \rho)g \tag{2.13.5}$$

当床层处于由固定床向流化床转变的临界点时，固定床压力降的计算式与流化床的计算式应同时适用。这时，$H_f = H_{fm}$，$\varepsilon_f = \varepsilon_{mf}$，$u_0 = u_{mf}$，因此联立式(2.13.1)和式(2.13.5)两式即可得临界流化速度的计算式：

$$u_{mf} = \left[\frac{1}{\lambda_m} \cdot \frac{2dp(1 - \varepsilon_{mf})(\rho_s - \rho)g}{\rho}\right]^{1/2} \tag{2.13.6}$$

若式中固定床的摩擦系数 λ_m 按式(2.13.2)计算，则联立式(2.13.2)和式(2.13.6)两式即可计算得到临界流化速度。

最后，尚须进一步指出，由实验数据关联得出的固定床压力降和临界流化速度的计算公式，除以上介绍的计算式之外，文献中报道的至今已达数十种之多。但大都不是形式过于复杂，就是应用局限性和误差较大。一般用实验方法直接测量最为可靠，而这种实验方法又较为简单可行。

流化床的特性参数，除上述外，还有密相流化与稀相流化临界点的带出速度 u_f、床层的膨胀比 R 和流化数 K 等，这些都是设计流化床设备时的重要参数。流化床的床层高度 H_f 与静床层的高度 H_0 之比，称为膨胀比，即

$$R = \frac{H_f}{H_0} \tag{2.13.7}$$

流化床实际采用的流化速度 u_f 与临界流化速度 u_{mf} 之比称为流化数，即

$$K = \frac{u_f}{u_{mf}} \tag{2.13.8}$$

三、实验装置

本实验装置采用气-固和液-固系统两套设备并列。设备主体均采用圆柱形的自由床。内分别填充球粒状硅胶和玻璃微珠。分布器采用筛网和填满玻璃球的圆柱体。柱顶装有过滤网，以阻止固体颗粒带出设备外。床层上均有测压口与压差计相连接。

液固系统的流程如图 2.13.2 所示。水自循环水泵或高位稳压水槽，经调节阀和孔板流量计由设备底部进入。水进入设备后，经过分布器分布均匀，由下而上通过颗粒层，最后经顶部滤网排入循环水槽。水流量由调节阀调节，并由孔板流量计的压差计显示读数。

气固系统的流程如图 2.13.3 所示。空气自风机经调节阀和孔板流量计，由设备底部进入设备后，经分布器分布均匀，由下而上通过颗粒层，最后经顶部滤网排空。空气流量由调节阀和放空阀联合调节，并由孔板流量计的压差计显示读数。

四、实验步骤

本实验可分两步进行：第一步，观察并比较液固系统流化床和气固系统流化床的流动状况；第二步，实验测定空气或水通过固体颗粒层的特性曲线。

在实验开始前，先按流程图检查各阀门开闭情况。将水调节阀和空气调节阀全部关闭，空

气放空阀完全打开。然后,再启动循环水泵和风机。

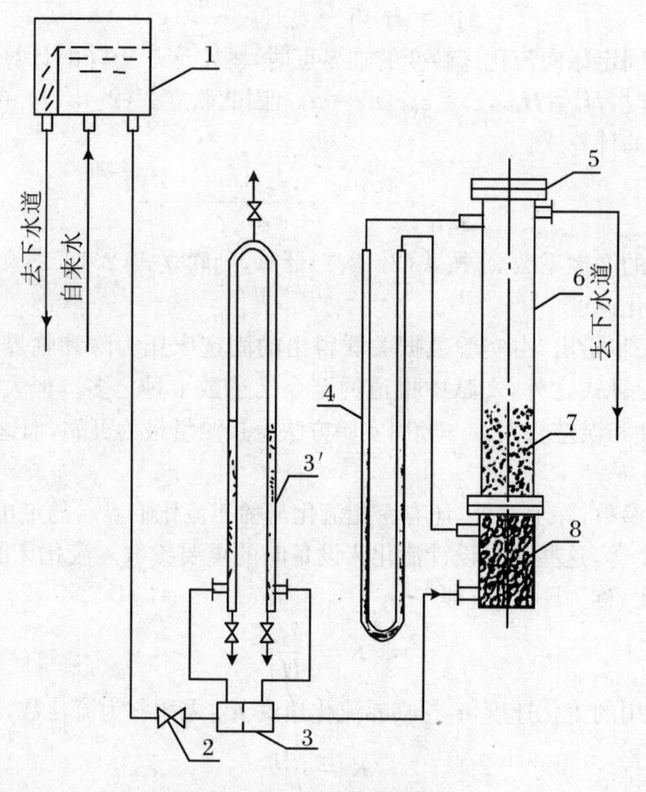

图 2.13.2 液固系统流程图

1. 高位稳压水槽; 2. 水调节阀; 3. 孔板流量计; 3. 倒置 U 形压差计;
4. U 形压差计; 5. 滤网; 6. 床体; 7. 固体颗粒层; 8. 分布器

待循环水泵和风机运转正常后,先徐徐开启水调节阀,使水流量缓慢增大,观察床层的变化过程;然后再徐徐开启空气调节阀和关小放空阀,联合调节改变空气流量,观察床层的变化过程。

完成第一步实验操作后,先关闭水调节阀,再停泵,继续进行第二步实验操作。若测定不同空气流速下床层的压力降和床层的高度,实验可让流量由小到大,再由大到小反复进行。实验结束后,先打开放空阀,后关闭调节阀,再停机。

五、实验注意事项

(1) 启动气泵前必须完全打开放空阀。

(2) 循环水泵和风机的启动和关闭必须严格遵守上述操作步骤。无论是开机、停机或调节流量,必须缓慢地开启或关闭阀门,并同时注视压差计中液柱变化情况,严防压差计中指示液冲入设备。

(3) 当流量调节值接近临界点时,阀门调节更须精心细微,注意床层的变化。

(4) 实验完毕,必须将设备内的水排放干净,切莫将杂物混入循环水中,以防堵塞分布器和滤网。

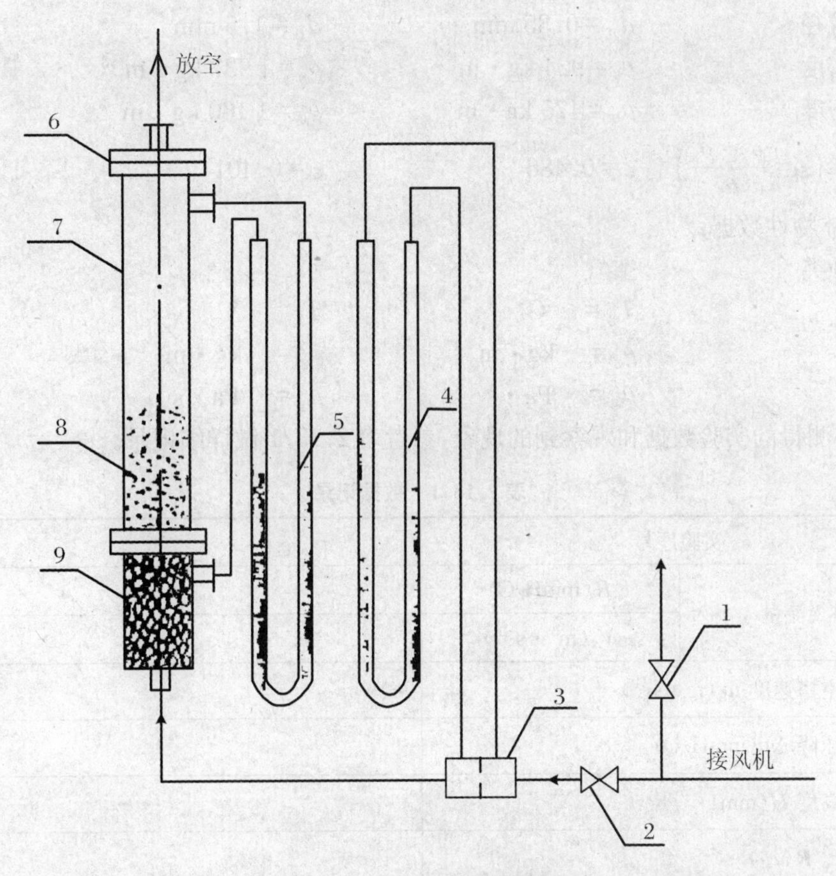

图 2.13.3 气固系统流程图

1. 放空阀； 2. 空气调节阀； 3. 孔板流量计； 4. 孔板流量计的压差计；
5. 压差计； 6. 滤网； 7. 床体； 8. 固体颗粒层； 9. 分布器

六、实验结果与分析

(1) 记录实验设备和操作的基本参数。

① 设备参数：

	气-固系统	液-固系统
柱体内径	$d = 50$ mm	$d = 50$ mm
孔板流量计锐孔直径	$d_0 = 3$ mm	$d_0 = 7$ mm
孔流系数	$C_0 = 0.6025$	$C_0 = 0.61$
静床层高度	$H_0 = 100$ mm	$H_0 = 120$ mm
分布器形式	筛网	玻璃球

② 固体颗粒基本参数：

	气-固系统	液-固系统
固体种类	硅胶球	玻璃微珠

颗粒形状

平均粒径　　$d_p = 0.35\ \text{mm}$　　$d_p = 1.5\ \text{mm}$

颗粒密度　　$\rho_s = 924\ \text{kg} \cdot \text{m}^{-3}$　　$\rho_s = 1\,937\ \text{kg} \cdot \text{m}^{-3}$

堆积密度　　$\rho_b = 475\ \text{kg} \cdot \text{m}^{-3}$　　$\rho_b = 1\,160\ \text{kg} \cdot \text{m}^{-3}$

空隙率$\left(\varepsilon = \dfrac{\rho_s - \rho_b}{\rho_s}\right)$　　$\varepsilon = 0.486$　　$\varepsilon = 0.401$

③ 流体物性数据：

流体种类　　空气　　水

温度　　$T_g =$ ℃　　$T_t =$ ℃

密度　　$\rho_g =$ $\text{kg} \cdot \text{m}^{-3}$　　$\rho_g =$ $\text{kg} \cdot \text{m}^{-3}$

黏度　　$\mu_g =$ $\text{Pa} \cdot \text{s}$　　$\mu_g =$ $\text{Pa} \cdot \text{s}$

(2) 将测得的实验数据和观察到的现象，参考表 2.13.1 做详细记录。

表 2.13.1　数据记录

实验序号		
空气流量	$R(\text{mmH}_2\text{O})$	
	$V_s(\text{m}^3 \cdot \text{s}^{-1})$	
空气空塔速度 $u_0(\text{m} \cdot \text{s}^{-1})$		
床层压降 $\Delta p(\text{mmH}_2\text{O})$		
床层高度 $H(\text{mm})$		
膨胀比 R(—)		
流化数 K(—)		
实验现象		

(3) 在双对数坐标纸上标绘 $\Delta p - u_0$ 关系曲线，并求出临界流化速度 u_{mf}。将实验测定值与计算值进行比较，算出相对误差。

(4) 在双对数坐标纸上标绘固定床阶段的 $Re_m - \lambda_m$ 的关系曲线。将实验测定曲线与由计算值标绘的曲线进行对照比较。

七、思考题

(1) 实验中升速和降速操作的两组数据，有时两者相近，有时两者不同，为什么？

(2) 为什么在散式流化中压降波动小，而在聚式流化中压降波动大？

(3) 如何判断流化床的操作是否正常？

实验十四　内循环反应器测定合成氨动力学参数

一、实验目的

(1) 采用内循环全混流反应器，在保证温度和浓度无梯度条件下，测定常压下氨合成的反应速度常数和表观活化能。

(2) 通过实验练习初步掌握一种连续流动体系气-固催化动力学的实验研究方法，进而加深对连续流动实验反应器的基本原理、性能及其特点，以及气固催化动力学的基本原理的理解。

二、实验原理

目前，在气-固相催化动力学研究中，常用的实验反应器有：微分反应器、积分反应器和循环反应器。三者虽各有所长，但循环反应器克服了微分反应器在配气和检测方面的困难，又克服了积分反应器在控温和数据处理方面的不便。因此，近年来，循环反应器在气-固催化动力学的研究中，应用广泛。

循环反应器主要分为外循环和内循环两大类。这两类循环反应器都是在理想的全混流模型下进行操作，以期实现催化剂和床层内无浓度、温度和反应速度梯度。因此，在采用循环反应器进行动力学实验之前，都应先通过实验检验，以便确定该反应器达到了无梯度的实验操作条件。

1. 化学反应速度常数的测定

由氮、氢合成氨的过程，是一个可逆、放热、体积减小的化学反应，其化学计量关系式为

$$N_2 + 3H_2 \rightleftharpoons 2NH_3 \tag{2.14.1}$$

在铁系催化剂表面上进行的该反应过程，根据乔姆金提出的机理，得出如下动力学方程式：

$$r_{NH_3} = k_1 P_{N_2} \frac{P_{H_2}^{1.5}}{P_{NH_3}} - k_2 \frac{P_{NH_3}}{P_{H_2}^{1.5}} \tag{2.14.2}$$

现以催化剂质量 W 为基准，以单位时间内氨的生成量来定义反应速度，则式(2.14.2)中反应速度

$$r_{NH_3} = \frac{dF_{NH_3}}{dW} \quad (mol \cdot kg^{-1} \cdot s^{-1}) \tag{2.14.3}$$

式中：k_1—氨生成速度常数；

k_2—氨分解速度常数；

P_{N_2}—氮分压，Pa；

P_{H_2}—氢分压,Pa;

P_{NH_3}—氨分压,Pa;

F_{NH_3}—氨摩尔流率,$mol \cdot s^{-1}$;

W— 催化剂质量,kg。

当内循环反应器的流动模型达到全混流,即在整个催化剂床层内达到无温度和浓度梯度时,在定常状态下,反应速度既不随时间而变化,也不随催化剂床层空间而变化。对于全混流反应器进行摩尔恒算可得

$$r_{NH_3} = \frac{F_{NH_3} - F_{NH_{3.0}}}{W} \tag{2.14.4}$$

本实验中,原料气中的氨含量为零,则反应器入口氨的摩尔流率 $F_{NH_{3.0}} = 0$。

若反应器出口气体中测得氨含量为 y_{NH_3}(摩尔分率),反应器出口混合气的总摩尔流率为 F_t,$mol \cdot s^{-1}$,则反应器出口的氨摩尔流率 $F_{NH_3} = F_t y_{NH_3}$。

因此,式(2.14.4)所示摩尔恒算式可改写为

$$r_{NH_3} = \frac{F_t y_{NH_3}}{W} \tag{2.14.5}$$

将摩尔恒算式(2.14.5)和动力学方程式(2.14.2)联立可得

$$\frac{F_t y_{NH_3}}{W} = k_1 P_{N_2} \frac{P_{H_2}^{1.5}}{P_{NH_3}} - k_2 \frac{P_{NH_3}}{P_{H_2}^{1.5}} \tag{2.14.6}$$

若系统总压为 P,则

$$P_{H_2} = P y_{H_2}$$
$$P_{N_2} = P y_{N_2}$$
$$P_{NH_3} = P y_{NH_3}$$

由此,式(2.14.6)可改写为

$$\frac{F_t y_{NH_3}}{W} = k_1 P^{1.5} \frac{y_{N_2} \gamma_{H_2}^{1.5}}{y_{NH_3}} - k_2 P^{-0.5} \frac{y_{NH_3}}{y_{H_2}^{1.5}} \tag{2.14.7}$$

等式两边除以 $k_2 P^{-0.5} \frac{y_{NH_3}}{y_{H_2}^{1.5}}$,得

$$\frac{F_t P^{0.5} y_{H_2}^{1.5}}{k_2 W} = \frac{k_1}{k_2} P^2 \frac{y_{N_2} y_{H_2}^3}{y_{NH_3}^2} - 1 \tag{2.14.8}$$

化学平衡常数定义式

$$K_p = \frac{P_{NH_3}^*}{P_{N_2}^{*0.5} \cdot P_{H_2}^{*1.5}} \quad (Pa^{-1}) \tag{2.14.9}$$

则

$$\frac{k_1}{k_2} = K_p^2 \tag{2.14.10}$$

将式(2.14.10)代入式(2.14.8),并经整理可得氨分解速度常数计算式

$$k_2 = \frac{F_t \cdot P^{0.5}}{W} \cdot \frac{\gamma_{H_2}^{1.5} \cdot \gamma_{NH_3}^2}{K_p^2 \cdot P^2 \cdot \gamma_{N_2} \cdot \gamma_{H_2}^3 - \gamma_{NH_3}^2} \tag{2.14.11}$$

将反应器出口混合气总摩尔流率 F_t,换算成检测状态下的体积流率,并视混合气为理想气体,则由理想气体状态方程可得

$$F_t = \frac{P_a V_{s\cdot a}}{RT_a} \tag{2.14.12}$$

式中:P_a—检测状态下压强,Pa;

T_a—检测状态下温度,K;

$V_{s\cdot a}$—检测状态下混合气体积流率,$m^3 \cdot s^{-1}$;

R—理想气体常数,$J \cdot mol^{-1} \cdot K^{-1}$。

将式(2.14.12)代入式(2.14.11)可得

$$k_2 = \frac{V_{s\cdot a} \cdot P_a \cdot P^{0.5}}{R \cdot T_a \cdot W} \cdot \frac{y_{H_2}^{1.5} \cdot y_{NH_3}^2}{K_p^2 \cdot P^2 \cdot y_{N_2} \cdot y_{H_2}^3 - y_{NH_3}^2} \tag{2.14.13}$$

当原料气中氢、氮气的摩尔比为3,且惰性组分的含量为零,氢、氮的摩尔分率分别为 $\gamma_{H_{2.0}}$ 和 $y_{N_{2.0}}$ 时,则

$$y_{H_2} = y_{H_{2.0}}(1 - y_{NH_3})$$

$$y_{N_2} = y_{N_{2.0}}(1 - y_{NH_3})$$

这时,改写式(2.14.13)可得实验测定 k_2 值的具体计算式

$$k_2 = \frac{V_{s\cdot a} \cdot P_a \cdot P^{0.5}}{R \cdot T_a \cdot W} \cdot \left[\frac{\gamma_{H_{2.0}}^{1.5} \cdot \gamma_{NH_3}^2 (1 - \gamma_{NH_3})^{1.5}}{K_p^2 \cdot P^2 \cdot \gamma_{N_{2.0}} \cdot \gamma_{H_{2.0}}^3 (1 - \gamma_{NH_3})^4 - \gamma_{NH_3}^2}\right]$$

$$(mol \cdot m^{-0.5} \cdot kg^{-0.5} \cdot s^{-2}) \tag{2.14.14}$$

式中:R—理想气体常数,$W, V_{s\cdot a}, P_a, P, T_a, y_{N_{2.0}}, y_{H_{2.0}}$ 均为实验条件确定值。在不同反应温度下的化学平衡常数 K_p,可按哈伯(Haber)公式计算,即

$$\log K_p = 2.098 \times 10^3 T^{-1} - 2.509 \log T - 1.006 \times 10^{-4} T + 1.860 \times 10^{-7} \cdot T^2 - 2.906 \tag{2.14.15}$$

$$[K_p] = Pa^{-1}$$

因此,只要实验测得反应温度 T 和反应器出口气体中氨含量 y_{NH_3},氮分解速度常数 k_2 值,即可由式(2.14.14)求得。

氨生成速度常数 k_1 可按式(2.14.10)求算,即

$$k_1 = K_p^2 \cdot k_2 \quad (mol \cdot m^{1.5} \cdot kg^{-2.5} \cdot s^{-2}) \tag{2.14.16}$$

2. 表观活化能的测定

表观活化能与温度的函数关系遵循阿伦尼乌斯(Arrhenius)公式,即

$$k = k_0 e^{-E/(RT)} \tag{2.14.17}$$

若实验测得不同反应温度 T 下的氨生成反应速度常数 k_1,则式(2.14.17)可具体表达为

$$k = k_{1.0} e^{-E_1/(RT)} \tag{2.14.18}$$

等式两边取对数将上式线性化,即

$$\ln k_1 = \frac{-E_1}{RT} + \ln k_{1.0} \tag{2.14.19(a)}$$

或

$$\lg k_1 = \frac{-E_1}{2.303RT} + \lg k_{1.0} \tag{2.14.19(b)}$$

将实验测得多组数据，以 $\log k_1$ 对 $\frac{1}{T}$ 的图解方法（或线性回归方法）由直线斜率 $= \frac{-E_1}{2.303RT}$，求取氨生成表观活化能 E_1 值。显然，也可用两组实验数据，采用选点法（即解联立方程组方法）按下式求算。

同理，用上述相同方法，由直线斜率 $\frac{-E_2}{2.303R}$ 求取氨分解表观活化能 E_2。或者采用选点法按下式求算：

$$E_2 = \frac{RTT'}{T - T'} \ln \frac{k_2}{k'_2} \tag{2.14.20}$$

3. 实际反应偏离平衡的程度

实际反应偏离化学平衡的程度，可用偏离平衡度来表示，即

$$\eta = \frac{y_{NH_3} - y_{NH_{3.0}}}{y^*_{NH_3} - y_{NH_{3.0}}} \qquad (2.14.21(a))$$

当实验条件下，原料气氨含量 $y_{NH_{3.0}} = 0$ 时，则

$$\eta = \frac{y_{NH_3}}{y^*_{NH_3}} \qquad (2.14.21(b))$$

式中：$y_{NH_{3.0}}$—实验测得反应前后氨含量；

$y^*_{NH_3}$—实验温度下平衡氨含量。

平衡氨含量 $y^*_{NH_3}$ 按下列途径求取：

当反应达成平衡时，则根据化学平衡常数定义式可知式(2.14.9)，即

$$K_p = \frac{P^*_{NH_3}}{P^{*1.5}_{H_2} \cdot P^{*0.5}_{N_2}} \quad (Pa^{-1})$$

因为 $P^*_{H_2} = Py^*_{H_2}$，$P^*_{N_2} = Py^*_{N_2}$，$P^*_{NH_3} = Py^*_{NH_3}$，所以当氢氮比为 3，惰性组分含量 $y_1 = 0$ 时，则

$$P^*_{H_2} = P \cdot \frac{3}{4}(1 - y_{NH_3})$$

$$P^*_{N_2} = P \cdot \frac{1}{4}(1 - y_{NH_3})$$

由此，式(2.14.9)可改写为

$$\frac{y^*_{NH_3}}{(1 - y_{NH_3})^2} = K_p \cdot P \cdot \frac{\sqrt{27}}{16}$$

解此方程可得平衡含量的计算式

$$y^*_{NH_3} = 1 + \frac{1.540}{P \cdot K_p} - \sqrt{\left(1 + \frac{1.540}{P \cdot K_p}\right)^2 - 1}$$

三、实验装置

本实验装置由反应器、气路系统、电路系统和质量检测系统四个部分组成。其装置流程如图 2.14.1 所示。

实验装置的气路流程：由来自钢瓶的氢和氮气，分别经过稳压器、干燥管、调节阀和流量计后按一定配比进行混合。混合原料气由反应器下部入口进入。反应后的气体由反应器顶部导出，经调节阀、流量计和稳流器后进入质量检测系统进行检测，或由教员排至室外放空。

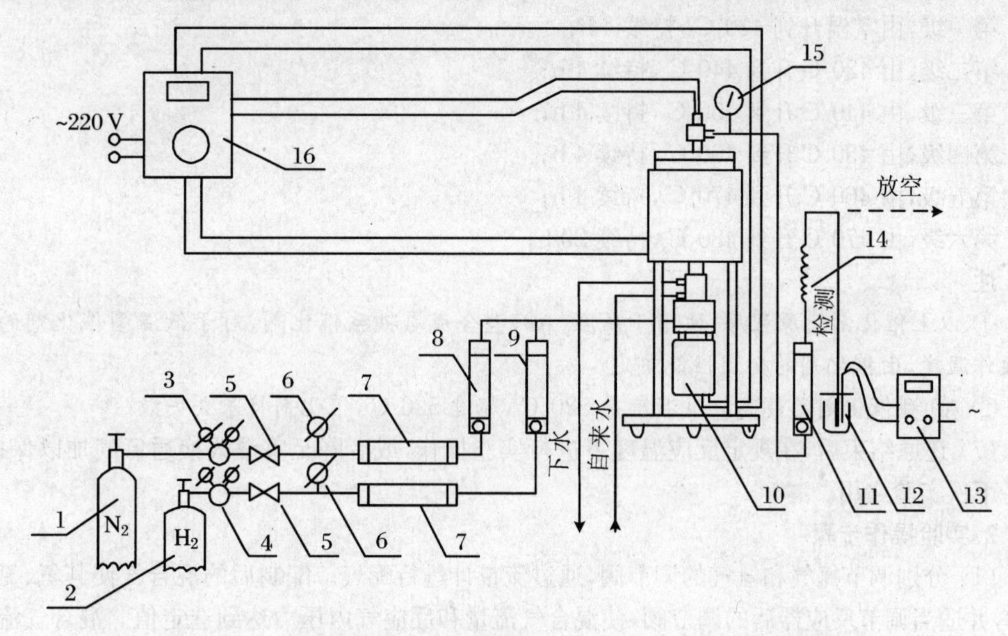

图 2.14.1　内循环全混流反应器测定氨合成动力学参数实验装置流程

1. 氮气瓶；2. 氢气瓶；3. 氮气减压阀；4. 氢气减压阀；5. 稳压阀；6. 压力表；7. 干燥管；8. 氮气流量计；9. 氢气流量计；10. 内循环反应器；11. 合成气流量计；12. 测量杯；13. 酸度计；14. 气体稳流器；15. 反应器压力表；16. 电路箱

质量检测系统采用容量法分析装置，反应后气体连续倒入盛有标准酸液的烧杯中，用酸度计确定等当点，用秒表计时。

实验装置的电路系统主要由温度测控仪和转速调速仪两部分组成。电炉对反应器加热，其加热功率由热电偶通过自动控温仪进行控制。反应由温度显示仪直接数字显示。调速器可连续调节直流电机的转速，通过磁驱动装置带动反应器内的搅拌器同步运转。

反应器轴承架冷却水套的下部进水口直接与自来水相接，上部出水排入下水道。

四、实验步骤

1. 实验前准备工作

(1) 将催化剂颗粒装入反应器的催化剂筐内，装填量一般为 8～10 g。拆卸与安装工作必须在教师指导下进行。

(2) 先将氮气和氢气流量计下的调节阀关闭，然后分别调节氮气和氢气的减压阀和稳压阀，若操作压力在 0.05 MPa(表压)以下，将稳压阀后的压力表调节至 0.15 MPa(表压)为宜。

(3) 打开氮气调节阀进行试漏检查。

(4) 打开通往反应器冷却水套的自来水阀门，通入适量冷却水

(5) 关闭氮气，改通氢气，待系统内的空气排尽后，启动搅拌装置，将转速调到 2 000～3 000 r · min^{-1}。

(6) 逐级升温进行催化剂还原(连续操作法)：

第一级，由室温升到 420 ℃，持续 4 h；

第二级，由 420 ℃升到 440 ℃，持续 4 h；

第三级，由 440 ℃升到 450 ℃，持续 4 h；

第四级，由 450 ℃升到 460 ℃，持续 4 h；

第五级，由 460 ℃升到 470 ℃，持续 4 h；

第六级，由 470 ℃升到 480 ℃，持续 20 h；

注

① 以上催化剂还原程序，适用于高温(A9)型合成氨铁系催化剂，对于低温型催化剂的最高操作温度，由催化剂的耐温性能决定。

② A9 型催化剂的最高极限温度是 520 ℃，超过 520 ℃，催化剂将永久失效。

(7) 还原结束后，在规定反应温度下进行实验操作，或者降至室温改换通氮气加以保护，以备下次实验之用。

2. 实验操作步骤

(1) 分别调节氮气和氢气的调节阀，通过流量计进行配气。配制后的混合气使其氢、氮比为 3，并适当调节反应器后的调节阀，使混合气流量和反应气内压力达到选定值。混合气流量在 200～500 mL · min^{-1}范围内选择，操作压强在 0.05 MPa 左右。

(2) 先开冷却水，再打开电路系统控温和测温部分的电源开关，然后调节控温仪，选定温度值，使反应温度恒定在预定的数值上。同时启动电机，逐渐调节转速，使其达到预定值。

(3) 待系统状态稳定之后可开始分析出口气体中的氨含量，测取三组平行数据，取其均值。氨含量采用容量法分析，其具体方法如下。

用移液管准确量取已知量浓度(约 1×10^{-3} N)标准酸液 20 mL，放入烧杯中，把反应后的混合气导入酸液中。当酸度计显示溶液达到等当点时，将混合气放空。用秒表记取通气时间。然后由测定数据按下式计算氨含量：

$$y_{NH_3}=\frac{44.8\cdot V_{H_2SO_4}\cdot C_{H_2SO_4}\cdot T_a\cdot P_0}{V_{s\cdot a}\cdot t\cdot T_0\cdot P_a}\qquad(2.14.22)$$

式中：$V_{H_2SO_4}$—硫酸标准液取用量，L；

$C_{H_2SO_4}$—硫酸标准液当量浓度，N；

$V_{s\cdot a}$—检测状态(大气压、室温)下混合气的体积流率，L · min^{-1}；

t—检测达到等当点时混合气持续通气时间，min；

P_a，P_0—检测状态下和标准状况下的压强，Pa；

T_a，T_0—检测状态下和标准状况下的温度，K。

(4) 改变反应温度，重复上述实验步骤。

3. 实验结束步骤

(1) 关掉电路系统中的测温、控温部分的电源开关，停止加热。逐渐调小电机转速，待转速接近零时再关掉电源开关，同时关掉酸度计的电源开关。最后，将总电源开关关掉。

(2) 关闭氢气的稳压阀和减压阀，停止通气。

(3) 若下次实验不更换催化剂，并且近期内需继续实验，则反应器必须通氮气保护，即调节稳压阀将氮气进口压力调至略高于大气压力，关闭反应器后的出口调节阀，使装置系统内保持一定的氮气压力，保护催化剂免受氧化而失活，且下次实验就不必再进行催化剂还原。

(4) 待反应器温度降至 200 ℃以下时，关闭通往反应器冷却水套的水阀门，停止通水。

五、实验注意事项

(1) 实验进行过程中，反应器冷却水套的冷却水绝不能中断，否则，轴承内润滑脂挥发将使催化剂中毒，并使设备受损伤。

(2) 铁系催化剂还原过程周期较长，再者，还原后催化剂与空气接触，则会迅速燃烧失去活性，因此，当中断实验时，还原后的催化剂必须用氮气保护。在整个还原过程中，应避免温度的突然变化，更须严防超出允许温度，操作一定要平稳、缓慢。

(3) 本实验必须在反应器达全混流模型所要求的进气（200～500 $mL \cdot min^{-1}$）和搅拌转速（2 000～3 000 $r \cdot min^{-1}$）下操作。每次改变实验操作条件后，需待系统状态恒定后才能测取数据。

六、实验结果与分析

(1) 实验基本参数如下：

催化剂种类及型号　A110－2 型

催化剂颗粒的粒径　20～40 目

催化剂的装填量

催化剂的堆积密度

搅拌转速　2 000～3 000 $r \cdot min^{-1}$

原料气中氢氮摩尔比　$H_2 : N_2 = 3 : 1$

(2) 实验数据如下：

将实验测得的数据参考表 2.14.1 进行记录。

检测用标准酸液浓度：

检测用标准酸液用量：

表 2.14.1　实验数据

实验序号	大气压强 P_a (MPa)	室内温度 T_a (℃)	操作压强 P (MPa)	反应温度 T (℃)	出口混合气体积流率 $V_{s \cdot a}$ ($mL \cdot min^{-1}$)	中和时间 t (min)	反应后混合气中氨含量 y_{NH_3} ($mol \cdot mol^{-1}$)

(3) 实验数据整理如下：

① 根据实验数据计算氨的分解速度常数和生成速度常数，以及反应的平衡偏离度。将计算结果参考表 2.14.2 列出。

表 2.14.2 实验数据整理

实验序号	操作压力 P (Pa)	反应温度 T (K)	氨生成速度常数 k_1 ($m^{1.5} \cdot mol \cdot kg^{-2.5} \cdot s^{-2}$)	氨分解速度常数 k_2 ($m^{-0.5} \cdot mol \cdot kg^{-0.5} \cdot s^{-2}$)	偏离平衡程度 η

列出表中各项计算式。

② 根据上列实验数据，采用图解法、线性回归方法或选点法，求算表观活化能。列出求算过程及计算结果。

求算方法及步骤：

计算结果：

氨生成表观活化能 E_1 =

氨分解表观活化能 E_2 =

七、思考题

(1) 何为内循环反应器？何为外循环反应器？这两类反应器的特点是什么？

(2) 为什么本实验反应器中的搅拌器转速要达到 2 000～3 000 $r \cdot min^{-1}$？

(3) 催化剂还原为何采用连续操作法逐级升温，并且累积还原时间要达到 40 h？

(4) 本实验的注意事项有哪些？

第三章　化学工程专业实验之一：膜分离实验

引　言

鉴于分离技术对理科专业学生的重要性，本章编写了8个和膜分离技术相关的实验。各个实验项目在建设过程中，基本做法都是在本校功能膜研究室的科研成果或在研实验工作中，寻找适合本科教学的实验内容和实验仪器，保证了所形成的实验项目的先进性和前沿性。具体的思路和做法如下。

1. 实验内容与学科前沿同步

将最先进或者最新的分离技术和工艺展现在学生面前，可以使学生在校期间就能接触一些新方法和新技术，这样才能使学生毕业后更快地适应学科的发展。比如2003年中设计并且开设的“纳滤法分离糖盐水溶液”和“微滤-离子交换-反渗透组合工艺制备超纯水”实验。其中微滤-离子交换-反渗透工艺制备超纯水这套设备，可以使水的电导率达到2 $\mu s \cdot cm^{-1}$，这是常规分离技术所达不到的。还有科研工作中一些废液处理过程中涉及糖和盐的分离问题，譬如：大豆乳清废液中含有1%左右的低聚糖和少量的盐，亚硫酸盐法制备化纤浆和造纸浆过程出现的亚硫酸钙废液中含有2%～2.5%的六碳糖和五碳糖，制糖工业中出现的废糖蜜中含有少量的盐等。这些均可以利用纳滤膜的特点实现分离。将纳滤膜分离糖盐的水溶液的内容开设成膜分离实验，使学生掌握工程实验研究方法的同时，也可初步培养学生将研究成果转化为生产力的意识。

2. 同一实验项目持续建设

力求实验内容与学科前沿同步的前提下，要求实验项目的建设不能停滞不前，要求实验项目的建设是持续的。在持续建设的过程中，一方面可以通过更新升级实验设备实现，另一方面也可以利用原有的实验设备开设新的实验内容来实现。以超滤实验项目的建设过程为例，2001年之前实验室利用科研成果自制新型复合超滤膜，制作小的超滤杯进行了明胶蛋白水溶液分离实验。2002年在211专项经费的支持下，进行分离设备升级，设计并建立中型30 L的超滤分离设备进行明胶水溶液分离实验。其中明胶含量分析利用了明胶对紫外线的吸收特性，采用紫外分光光度法测定。2001年之前的建设中自制新型复合超滤膜是实验中的前沿问题，2002年设计的30 L中型超滤分离设备是先进的分离设备。现在“超滤分离明胶蛋白水溶液实验”已经作为一个基础实验项目进行授课。然而超滤实验项目的建设并没有止步，近年来实验室在校实验专项经费支持下利用原有的超滤设备和新采购的1812多功能膜设备开设了乳酸综合实验，其中超滤用于实现发酵液预处理。2012 年结合学校三学期制改革，在暑期开设以① 膜组件的搭建，② 茶叶的超滤，③ 茶多酚和蛋白质的分离和检测为对象的综合型化工实验。

3. 仪器规模大小并用

化工基础实验在仪器规模上没有必要追求大型化，尤其是用于理科化学专业学生的化工基础实验教学中的实验设备。大型装置的实验，观察和操作都不太方便，不利于进行实验。另外，大型装置的实验费用也较高。但是仅选用小型装置的实验，学生在毕业后接触到工程实际时，就会觉得在学校里所学的东西没有什么用，与工程实际相距太远；因此现有的膜分离仪器在规模上既有大型的设备，也有小型的实验设备。就超滤设备而言，实验室现有的膜设备中有 30 L 的自制中型设备，有 15 L 的 1812 多功能膜中小型设备，授课还会用到以 500 mL 烧杯做料桶的 2010 型和 2050 型世远小型膜装置。在授课中大小型实验仪器并用，利用大的设备培养学生的工程意识，利用小的设备，在自制板式膜组件的过程中，解开膜分离设备原理的“黑匣子”。

4. 实验类型多样性

目前建设的膜分离实验项目可以分为以基本单元操作为主的基础实验和若干步骤组合而成的综合实验。基础实验，比如“超滤法分离明胶蛋白水溶液”“微滤-离子交换-反渗透组合工艺制备超纯水”“纳滤法分离糖和盐的水溶液”等。这些实验可以在传统的授课模式下进行。综合型实验，均是从科研成果中提炼出来的，比如乳酸综合实验，由若干步骤组合而成，故实验时间较长，主要安排在夏季学期或者开发实验室的情况下进行授课。

经过十几年的建设，将功能膜研究室正在进行的科研工作，或已经形成的科研成果转化到实验教学中来，开设出具有特色的又紧跟前沿的膜分离实验项目，并已经形成了一定的建设思路和方法。现开设和膜分离相关的化工实验如下：

(1) 超滤法分离明胶蛋白水溶液。
(2) 纳滤法分离糖和盐的水溶液。
(3) 反渗透组合工艺制备超纯水。
(4) 卷式扩散渗析膜组件回收钛白废酸中的硫酸。
(5) 电渗析脱除水中的无机盐。
(6) 双极膜电渗析同时产酸产碱。
(7) 膜蒸馏海水淡化实验。
(8) 超滤膜组件的组装及茶叶中茶多酚的分离实验。
(9) 集反应和分离为一体的乳酸综合型实验。

本章主要介绍适合在传统授课模式下进行的膜分离实验，膜综合实验内容将在下一章单独介绍。

实验一　超滤法分离明胶蛋白水溶液

一、实验目的

(1) 熟悉超滤的基本原理、板式超滤器的结构及基本流程。

(2) 了解超滤过程中的影响因素如温度、压力、流量及物料分子量等因素对超滤通量的影响。

(3) 了解超滤器污染的原因及其清洗方法。

二、实验原理

超滤的技术原理近似机械筛分。当溶液体系由水泵进入超滤器时,在超滤器内的膜表面发生分离,溶剂(水)和其他小分子量溶质透过具有不对称微孔结构的滤膜,大分子溶质和微粒(如蛋白质、病毒、细菌、胶体等)被滤膜截留(图 3.1.1)。从而达到分离和纯化的目的。

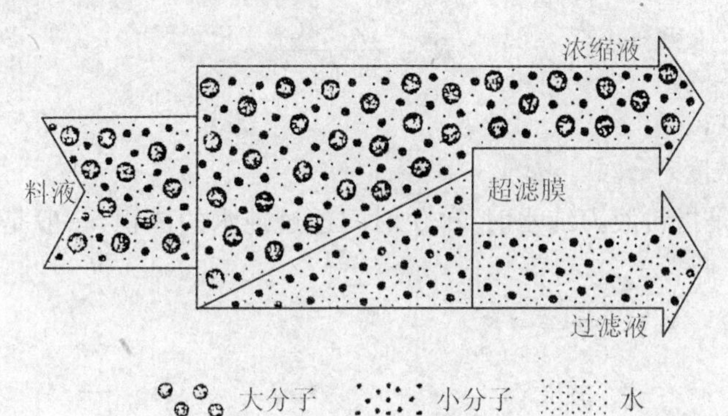

图 3.1.1　超滤技术原理示意图

膜切割分子量是超滤的重要性质参数,主要用截留分子曲线法测定。一般方法是用分子量差异不大的溶质在不易形成浓差极化的操作条件下,将表观截留率为 90%～95%的溶质分子量定义为截留分子量,溶质通常采用球型分子,常见的基准物质及其分子量见表 3.1.1。

表 3.1.1　常用的基准物质及其相对分子量

基准物质	相对分子量	基准物质	相对分子量	基准物质	相对分子量
葡萄糖	180	维生素 B-12	1 350	卵白蛋白	45 000
蔗糖	342	胰岛素	5 700	血清蛋白	67 000
棉子糖	594	细胞色素 C	12 400	球蛋白	160 000
杆菌肽	1 400	胃蛋白酶	35 000	肌红蛋白	17 800

截留曲线的形状与孔径分布有关，当孔径分布均匀时，曲线形状陡峭，称为锐分割；当孔径分布很宽时，曲线变化平缓，称为钝分割(图3.1.2)。锐分割的性能虽好，但能达到此性能的膜几乎没有，目前供应的商品膜性能介于二者之间。一般来说，如果膜的截留率为0.9和0.1时的分子量相差5～10倍，即可认为是性能良好的膜。

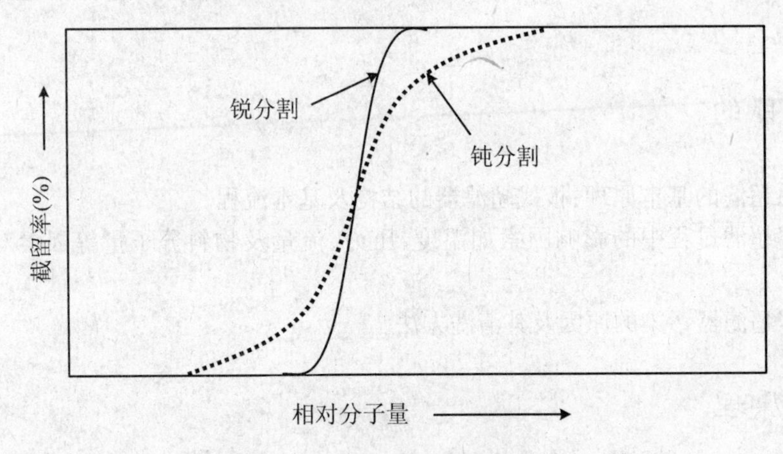

图3.1.2 超滤截留分子量曲线

表征超滤膜性能的参数除截留分子量外，还有截留率和膜的纯水通量。截留率是指对一定分子量的物质来说，膜所能截留的程度，其定义为

$$R = \frac{C_f - C_p}{C_f}$$

式中：C_f—料液浓度；

C_p—超滤液浓度。

膜的纯水通量是指料液为纯水时，单位时间透过纯水的体积，一般是在0.13～0.3 MPa压力下测定的。

三、实验装置

图3.1.3为本实验的流程图，料液先放入料液槽，由泵供给，旁路阀3用以调节进料流量，用出口阀4调节进出口压力，料液泵入系统后，超滤液用一排塑料收集管收集，截留液进入料液槽循环。

四、实验步骤

(1) 关闭进口阀1，向料液槽加入一定量的自来水(水位高于泵体，足够整个系统循环)，打开泵的排气孔，排出泵内空气后，再拧紧。

(2) 合上电源，启动泵，打开出口阀4，并半开进口阀1，然后从小到大不断关闭出口阀，使出口压力表的读数由小到大发生变化(注意不能超过压力表的量程范围)，每改变一次压力，记下纯水的通量(用量筒量取透过膜的纯水的体积，并记下时间)。

(3) 测定完毕后,先打开出口阀,再关闭进口阀,停止进料泵。

(4) 在料液槽内加入适量的明胶,使料液中明胶的浓度大致为0.4%左右。

重复上述(1)~(4)步骤,并记下超滤通量,视其有何变化(为什么),实验结束前,分别取料液、超滤液、截留液各50 mL,分析其中明胶的含量(分析方法见附一)。

(5) 实验结束后,组件要进行清洗,洗涤时,进口压力约在0.2 MPa,操作过程同(1)~(4)步骤,使清洗液在系统内循环,清洗程序为:

① 用热自来水(40 ℃左右)清洗一遍;

② 用0.1 mol·L^{-1} NaOH水溶液清洗一遍;

③ 用热自来水(40 ℃左右)再清洗一遍;

④ 最后用室温下自来水清洗若干遍(每换一次洗液,都要重复(1)~(4)步骤)。

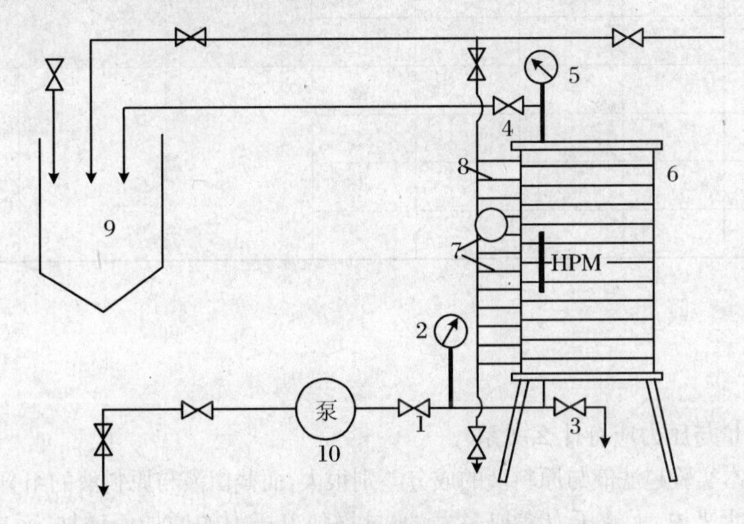

图3.1.3 超滤实验流程示意图

1. 进口阀; 2. 进口压力表; 3. 旁路阀; 4. 出口阀; 5. 出口压力表; 6. 板式超滤器主体; 7. 滤出软管; 8. 滤出总管; 9. 贮液槽; 10. 多级离心泵

五、实验注意事项

(1) 在实验过程中,进料槽内的液体不能降低到使进料泵吸入空气的水平高度,吸入空气会使泵及膜受到损坏。

(2) 所使用的压力不能超过表的读数范围,应控制在0.6 MPa以内。

(3) 应遵循:开时,先开电源,再开进口阀;关时,先关进口阀,再关电源的原则。

(4) 明胶先溶于热水中,再稀释,料液槽内应为均一的溶液,不能有不溶物,否则泵易受损。

六、实验数据记录

数据记录见表3.1.2。

表 3.1.2　数据记录

料　液	实验序号	进口压力	出口压力	平均压力	通　量	原料液明胶浓度	超滤液明胶浓度	截留液明胶浓度
纯水	1							
	2							
	3							
	4							
	5							
	6							
	7							
明胶水溶液	1							
	2							
	3							
	4							

七、思考题

（1）纯水通量与压力应有什么关系？

（2）为什么本实验超滤液与原料液的成分差别很大，而截留液与原料液的组分差别却不大？

（3）对于纯水来说，无论压力增加多大，通量均随着压力的增加而增加，而对于明胶蛋白水溶液来说，在初始压力增加时，通量几乎随着压力成正比增加，而当压力增加到一定时间后，通量几乎不会随着压力而增大，为什么？

附一　明胶水溶液浓度测定法

一、明胶标准水溶液的配置

（1）称取明胶 0.500 g，溶于 500 mL 水中，配成 1.000 $g \cdot L^{-1}$ 明胶标准水溶液。

（2）量取 1 mL 上述明胶溶液，置于 100 mL 容量瓶中稀释到刻度。此溶液为 0.010 $g \cdot L^{-1}$ 明胶标样。

（3）量取 1.000 $g \cdot L^{-1}$ 标准溶液 2 mL，置于 100 mL 容量瓶中稀释至刻度，配成 0.020 $g \cdot L^{-1}$ 标样。量取 3 mL，4 mL……以此类推，配置 8 个标标准样品，浓度分别为 0.000 $g \cdot L^{-1}$，

0.001 0 $g \cdot L^{-1}$,0.003 $g \cdot L^{-1}$,0.006 $g \cdot L^{-1}$,0.010 $g \cdot L^{-1}$,0.020 $g \cdot L^{-1}$,0.030 $g \cdot L^{-1}$,0.040 $g \cdot L^{-1}$。

(4) 选取任一个标样用紫外分光光度计进行光谱扫描、测定其最大吸光度值,选择最佳吸收波长 209 nm 作为定量测量的吸收波长。

(5) 在 209 nm 条件下,将以上配置的标样进行吸光度测量,作出浓度与吸光度关系的标准曲线。

二、待测样品的配置

(1) 用烧杯分别取原料液、超滤液、截留液若干待用。
(2) 移取 1 mL 原料液至 100 mL 容量瓶中,稀释至刻度。
(3) 移取 1 mL 超滤液至 100 mL 容量瓶中,稀释至刻度。
(4) 移取 1 mL 截留液至 100 mL 容量瓶中,稀释至刻度。
(5) 在以上标准曲线的条件下,用紫外分光光度计分别测定其浓度。

附二　TU－1901 紫外-可见分光光度计操作程序

一、仪器预热

(1) 打开计算机开关。
(2) 打开光度计开关。
(3) 双击计算机显示屏幕上的"UVWin5 紫外软件 v5.0.5"图标,出现 TU－1901 紫外窗口和初始化工作画面,计算机对仪器进行自检并初始化(滤色片电机、狭缝电机、扫描电机、光源电机、氘灯能量、波长检测、钨灯能量、初始化参数),每项自检后在相应的项目后显示"确定"。整个过程完成约 3～4 min。初始化后,等待 15～30 min 预热。仪器稳定后开始测量。

二、光谱扫描

(1) 点击"光谱扫描"打开光谱扫描窗口。
(2) 单击"参数设置"按钮或任务栏"测量"中的"参数设置",修改扫描参数。
① 测量:

光度方式	Abs
显示范围	最大 1.000
	最小 0.000
扫描参数	起点 300.00

终点 190.00

速度 快

间隔 1.0 nm

② 仪器：

氘灯	
光谱带宽	2.0 nm
响应时间	0.2 s
换灯波长	359.9 nm

③ 附件：固定样品池。

(3) 基线校正。

① 将空白样品放入样品架中，点击“校零”按钮或点击任务栏“测量”中的“自动校零”进行基线校正。

② 将靠近操作者的样品架中的样品池换上标准样品，单击“开始”进行光谱扫描，测量最大吸收值，选择最佳吸收波长。

三、定量测量

(1) 选择“定量测量”窗口点击一下，“定量测定”进入主页面。

(2) 单击任务栏“测量”主菜单，打开“参数设置”窗口。

① 点击“测量”：

测量方法	单波长
主波长	209 nm
重复测量	√
重复次数	3 次

② 点击“曲线校正”：

曲线方程	$Abs = f(c)$
方程次数	1 次
浓度单位	$g \cdot L^{-1}$
浓度法	

③ 点击“仪器”：

氘灯	
参数设置	光谱带宽 2.0 nm
响应时间	0.2 s
换灯波长	359.9 nm

④ 点击“附件”：

附件	固定样品池

参数设置完毕后点击“确认”。

(3) 标准样品测量：

① 测量样品前应对空白样品进行基线校正，以消除比色皿和溶剂的误差。把两个比色皿均加入蒸馏水，再分别放入参比样品架（前）和测量样品架（靠近操作者），单击屏幕上方的“校零”按钮或单击“测量”，选择“自动校零”。

② 将配制好的 8 个标准样品从低浓度到高浓度逐个进行吸光度测量。

③ 得到测量值后与输入的浓度值进行曲线拟合，仪器将计算出方程的系数与相关性并给出标准工作曲线。

(4) 将未知样品放入样品池，单击“开始”按钮，测量结果将显示在屏幕上，样品浓度是三次测量平均值，单位是“$g \cdot L^{-1}$”。更换样品，重复以上步骤。

将待测样品的浓度值记下。

四、结束

(1) 实验结束后取出比色皿洗净，放入比色皿盒内。

(2) 退出 TU1901 - UVWin5。

(3) 关闭 TU - 1901 紫外-可见分光光度计。

(4) 关闭计算机。

实验二　纳滤法分离糖和盐的水溶液

一、实验目的

(1) 熟悉纳滤的基本原理、纳滤器的结构及基本流程。

(2) 了解纳滤过程中的影响因素，如温度、压力、流量及物料分子量等因素对纳滤通量的影响。

(3) 了解纳滤器污染的原因及其清洗方法。

(4) 熟悉纳滤分离技术在生化和食品工业方面的应用实例。

二、实验原理

纳滤（Nanofiltration）是一种介于反渗透和超滤之间的压力驱动膜分离过程，纳滤膜的孔径范围在几个纳米左右。与其他压力驱动型膜分离过程相比，出现较晚。它的出现可追溯到 20 世纪 70 年代末 J. E. Cadotte 的 NS - 300 膜的研究，之后，纳滤发展得很快，膜组器于 20 世纪 80 年代中期商品化。纳滤膜大多从反渗透膜衍化而来，如 CA 膜、CTA 膜、芳族聚酰胺复合膜和磺化聚醚砜膜等。但与反渗透相比，其操作压力更低，因此纳滤又被称作“低压反渗透”或“疏松反渗透”。

纳滤分离作为一项新型的膜分离技术,愈来愈广泛地应用于电子、食品和医药等行业,诸如超纯水制备、果汁高度浓缩、多肽和氨基酸分离、抗生素浓缩与纯化、乳清蛋白浓缩、纳滤膜-生化反应器耦合等实际分离过程中。与超滤或反渗透相比,纳滤过程对单价离子和分子量低于200的有机物截留较差,而对二价或多价离子及分子量介于200~500之间的有机物有较高脱除率,基于这一特性,纳滤过程主要应用于水的软化、净化以及相对分子质量在百级的物质的分离、分级和浓缩(如染料、抗生素、多肽、多糖等化工和生物工程产物的分级和浓缩)、脱色及去异味等。

随着对环境保护和资源综合利用认识的不断提高,人们希望在治理废水的同时实现有价物质的回收,比如:大豆乳清废液中含有1%左右的低聚糖和少量的盐,亚硫酸盐法制备化纤浆和造纸浆过程出现的亚硫酸钙废液中含有2%~2.5%的六碳糖和五碳糖,制糖工业中出现的废糖蜜中含有少量的盐等等。上述这些废液处理过程中都涉及糖和盐的分离问题。根据纳滤膜的两个显著特点,可以推测纳滤膜可能实现糖和盐的分离,本实验以糖和盐的单组分及混合水溶液体系作为纳滤膜分离实验对象,探讨运用纳滤膜浓缩糖和脱除盐的可能性。

纳滤的技术原理近似机械筛分。当溶液体系由水泵进入纳滤器时,在纳滤器内的膜表面发生分离,溶剂(水)和其他小分子量溶质(盐)透过不对称纳滤膜,相对大分子溶质(如糖等)被纳滤膜截留,从而达到分离和纯化的目的。

三、实验装置

两台实验装置分别由纳滤膜组件、预处理、清洗三部分组成,其中第一套设备为单段式膜组件,膜组件是有效面积为2.5 m^2的聚酰胺卷式膜,pH使用范围为2~12。第一套设备的基本流程图见图3.2.1。

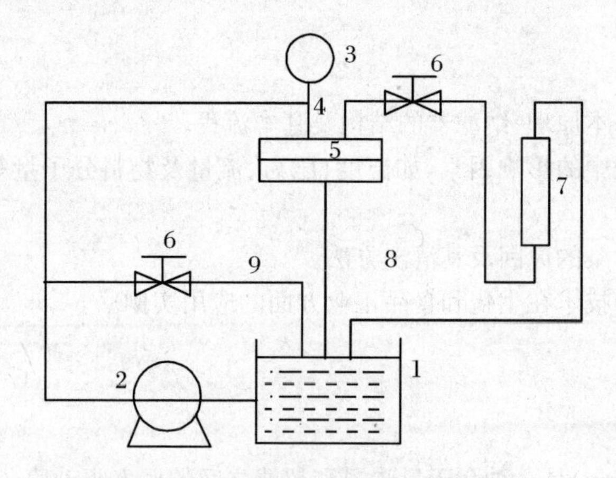

图3.2.1 纳滤透过实验流程示意图

1. 原料槽; 2. 泵; 3. 压力表; 4. 膜实验装置; 5. 膜片;
6. 调节阀; 7. 流量计; 8. 透过液; 9. 旁路

该纳滤膜元件是竖直安装在系统上的,与物料流向是一致的,在物料浓缩过程中,物料在泵的压力下进入纳滤系统,由于纳滤膜的截留性能,水及少部分分子量小的可溶于水的物质可透过膜与原物料分离,形成透过水流,被移送或排放,其他物料则被截留,形成浓缩物料流。在给料泵的作用下,物料仍进行高速连续流动,将浓缩物料输出系统外,进入浓缩循环罐中,进行循环浓缩,同时自行清理了膜孔表面滞留的截留物,从而实现阶段性连续作业,直至达到预定的浓缩分离目的。

第二套设备为多段式膜组件。物料由原料桶径加压泵加压后,送入纳滤膜组件,调节纳滤膜出口阀门,使过滤压力达到预定值,物料经纳滤膜过滤后分成滤过液和浓缩液。滤过液进入清液罐或排放,浓缩液从组件流出后回到浓缩罐,如此不断循环实现料液的浓缩和分离。

实验选用的中性溶质和盐分别为葡萄糖和氯化钠,葡萄糖由生化测定仪测定其浓度,氯化钠用电导法测定,所用仪器为上海第二分析仪器厂 DDS－11A 型电导率仪。糖和盐的截留率定义为

$$R = \frac{C_f - C_p}{C_f}$$

式中:C_f—料液中糖的浓度或盐的电导;

C_p—透过液中糖的浓度或盐的电导。

四、实验步骤

(一) 第一套设备

1. 测定不同压力下膜的纯水透过通量(最大压力 7 atm)

操作步骤:

(1) 料液桶放满自来水(离桶边沿 4～5 cm 处),打开高压泵的排气口,直至有水溢出。

(2) 高压泵出口关闭,浓缩液出口流量计阀全开。

(3) 开启高压泵,调节高压泵出口阀,将压力调节至 2.0 atm。

(4) 调节浓缩液出口流量计阀,并且观察透过液流量计流量,调至透过液流量可读数时,待稳定后记录压力和透过液流量计读数。

(5) 继续调节浓缩液出口流量计阀,调节压力范围在:3～7 atm 之间,测取 4～5 组数据。(作出压力与透水通量的关系曲线。)

(6) 实验结束后,将浓缩液流量计调节阀全开,关闭高压泵出口阀,关闭高压泵电源。

2. 测定一定压力下(4 atm)葡萄糖水溶液的浓度变化与时间的关系,并计算截留率

操作步骤:

(1) 称取葡萄糖 20 g,溶于烧杯中。

(2) 料液桶放满自来水,将葡萄糖溶液倒入桶中,配制成约 0.60 g · L^{-1} 葡萄糖水溶液。

(3) 浓缩液出口流量计阀全开,高压泵出口阀关闭,打开排气口直至有水溢出后关闭。

(4) 开启高压泵,调节高压泵出口阀,将压力调节至 2.0 atm。

(5) 调节浓缩液出口流量计阀,将压力调至 4 atm 左右,循环 5 min 后取样。

(6) 用烧杯在料桶里取出原料液待测,然后将透过液出口管放入塑料桶中,开始计时。以后每隔 4 min 取一次浓缩液(浓 1、浓 2、浓 3),最后在塑料桶中取一个透过液。见表 3.2.1。

表 3.2.1 取浓缩液与透过液

	0 min	4 min	8 min	12 min
浓缩液(料液桶)	原料液	浓 1	浓 2	浓 3
透过液(塑料桶)	—	—	—	透过液

(7) 浓缩液出口流量计阀全开,关闭高压泵出口阀,关闭高压泵电源。

(8) 用生化仪分析料液浓度。(作分离时间-葡萄糖浓度曲线。)

(9) 清洗实验仪器。

3. 实验数据处理

(1) 作出压力与透水通量的关系曲线。

(2) 作出浓缩时间与葡萄糖浓度曲线,并计算截留率。

(3) 实验结果讨论及思考题。

注 清洗仪器时用自来水清洗 3 遍,纯水清洗 1 遍(至 pH 中性)。

(二) 第二套设备

1. 测定不同压力下膜的纯水透过通量(最大压力 10 atm)

操作步骤:

(1) 料液桶放水 3/4 以上,液面要高于离心泵。打开高压泵的排气口,直至有水溢出。

(2) 打开 2 号膜管的料液进口阀、透过液出口阀、浓缩液出口阀、浓缩液流量计调节阀及进入料桶的浓缩液阀和透过液阀 1(其他阀门处关闭状态)。

(3) 开启高压泵,缓慢打开高压泵出口阀(5～10 s)至全开,此时压力约 1.4 atm。

(4) 调节浓缩液流量计阀,观察透过液流量计流量,调至透过液流量可读数时,待稳定后记录压力及透过液流量计读数。

(5) 继续调节浓缩液流量计阀,稳定后记录压力和透过液通量,调节压力范围在:4～10 atm之间,测取 5～6 组数据。(作出压力与透水通量的关系曲线。)

(6) 实验结束后,将浓缩液流量计调节阀全开,关闭高压泵出口阀,关闭高压泵电源。

2. 测定一定压力下(7 atm)葡萄糖水溶液浓度与时间的关系,计算截留率

操作步骤:

(1) 称取葡萄糖 40 g,溶于烧杯中。

(2) 料液桶放满自来水,将葡萄糖溶液倒入桶中,配制成约 0.60 $g \cdot L^{-1}$ 葡萄糖水溶液。

(3) 打开 2 号膜管的料液进口阀、透过液出口阀、浓缩液出口阀、浓缩液流量计调节阀及进入料桶的浓缩液阀和透过液阀 1(其他阀门处关闭状态)。

(4) 开启高压泵,缓慢打开高压泵出口阀(5～10 s)至全开。

(5) 调节浓缩液流量计阀,将压力调至 7 atm 左右,循环约 5 min 后取样。

(6) 用烧杯在料桶里取出原料液待测。然后将透过液出口 $2^{\#}$ 管放入塑料桶中,打开透过液流量计后出口阀 2,关闭阀 1 开始计时。以后每隔 6 min 取一次浓缩液(浓 1、浓 2、浓 3),最后在塑料桶中取一个透过液(关闭电源后取透过液样品)。见表 3.2.2。

表 3.2.2　取液

	0 min	6 min	12 min	18 min
浓缩液(料液桶)	原料液	浓 1	浓 2	浓 3
透过液(塑料桶)	—	—	—	透过液

(7) 浓缩液出口处流量计阀全开,高压泵出口阀关闭,关闭高压泵电源。

(8) 用生化仪分析料液浓度。(作葡萄糖浓度-分离时间曲线。)

(9) 清洗实验仪器。

3. 实验数据处理

(1) 作出压力与透水通量的关系曲线。

(2) 作出葡萄糖浓缩浓度－浓缩时间曲线,并计算截留率。

(3) 实验结果讨论及思考题。

注　清洗仪器时用自来水清洗 3 遍,纯水清洗 1 遍(至 pH 中性)。

五、实验结果与分析

可根据不同的物料选择不同的处理方法:

(1) 不同压力下膜的纯水透过通量(系数)(最大压力 1.5 MPa)。

(2) 不同压力下测定膜对单组分葡萄糖和氯化钠的截留率,实验中葡萄糖的浓度均为 200 $mg \cdot L^{-1}$,氯化钠溶液的浓度为 10 $mmol \cdot L^{-1}$。

(3) 在一定压力下(8 atm),测定膜对不同浓度下单组分葡萄糖和氯化钠溶液的截留率,葡萄糖和氯化钠的浓度变化范围分别为 200～20 000 $mg \cdot L^{-1}$ 和 10～400 $mmol \cdot L^{-1}$。

(4) 在一定压力下测定葡萄糖-氯化钠混合溶液中膜对糖和盐的截留率。

(5) 纳滤膜组件清洗方法及通量恢复情况。

(6) 实验数据可参考表 3.2.3 和表 3.2.4 进行记录。

表 3.2.3　数据记录

温度________

序　号	压　力	渗透侧通量
1		
2		
⋮		

表 3.2.4 单组分溶液通量-压力-浓度

温度________

料　液	实验序号	平均压力	通　量	透过液葡萄糖浓度	透过液 NaCl 浓度
NaCl					
⋮					
葡萄糖					
⋮					
葡萄糖 + NaCl					
⋮					

六、实验注意事项

(1) 开机前,要认真检查管路阀门的启闭状态,保证管路畅通。

(2) 膜的工作压力不能大于设备额定的压力。

(3) 在浓缩分离或停泵过程中,膜组件清水侧阀门严禁关闭,以免造成低压系统的压力憋高和产生背压对膜组件造成永久性损伤。

(4) 在浓缩过程中,应根据料液温度情况,适时开启冷却水给料液降温,以控制料液温度在 40 ℃以内。

(5) 离心泵的启动,应严格按泵的启停规程操作,详细内容见说明书中泵的启停及操作规程。

七、思考题

(1) 比较纳滤和超滤、反渗透在分离对象及原理方面有什么不同?

(2) 对于糖和盐的混合溶液,若不采用纳滤进行分离,还有什么化学方法? 与纳滤比较,优越性如何?

(3) 纳滤也有两种主要操作模式,一种是料液不循环(浓缩侧排放),另一种是浓缩侧循环,试定性说明在操作压力不变的情况下,渗透侧流量、透过液糖度、电导和整个系统温度的变化。

(4) 根据实验结果绘制纯水通量-压力,截留滤(糖、盐)-浓度-压力曲线。

附　SBA－40E型生物传感分析仪操作步骤

一、SBA－40E型生物传感分析仪操作规程

1. 开机,自动清洗一次

按“开/关”键,屏幕依次显示“开机清洗中…”“参数初始化…”“左电极零点、右电极零点”。

2. 进标准品

当进样灯(绿灯)亮并闪动,且屏幕处于自动零状态的0值时,把吸取好的25 μL标准样品注入进样口。

3. 自动定标、清洗

20 s反应结束后,仪器自动开始定标,屏幕显示设定的标值,并自动清洗反应池,但不打印结果。

4. 确定定标完成

重复(2)～(3)步骤测定标准样品,当仪器稳定后,即前后两针的结果相对误差小于百分之一时,仪器便已经完成定标,标志是进样灯(绿灯)一直亮但不闪动。

5. 测定样品

将被测量的样品稀释到适当的浓度,然后用与标准品相同的方式进行测定。屏幕直接显示最后的测定结果。同一样品测定三次或三次以上,再进行统计,可以得到更准确的统计值。

二、操作及维护注意事项

(一) 操作

(1) 进样时以绿灯亮为准。绿灯闪烁,进标准样;绿灯不闪烁,进样品。

(2) 进样量务必准确:绿灯亮后,须立刻进样,不能等待拖延,否则会影响测定结果的准确性。

(3) 每天仪器使用完成后,要进行清洗,确保清洗液充足;微量进样器要用蒸馏水清洗;仪器电极在任何时候都要安装密封圈(酶膜或废酶膜圈),以防止损坏电极套或者漏液损坏搅拌机。

(二) 维护

仪器正常工作时应同时具备四个条件。

1. 搅拌子均匀快速转动

如果转动停止或者时快时慢,应排空反应池后,用卫生棉球清洁反应池内部和搅拌子,注

意千万不要碰到酶膜。

2. 零点稳定

如果零点不稳定，最常见的可能是电极插在反应池的一端没有拧紧，导致缓冲液流出反应池，因缓冲液导电，与机壳导通后会严重干扰零点，出现这样的情况应用卫生棉球沾无水乙醇擦净反应池周围和反应池架。

3. 泵管松紧适度

如果泵管过松，会出现回漏；如果泵管过紧，液体会从进样开关溢出。

4. 酶膜正确安装

酶膜应紧贴电极表面，不能有气泡，否则会影响零点稳定，酶膜正确安装的标志是酶膜安装后呈伞状撑起。

实验三 反渗透组合工艺制备超纯水

一、实验目的

(1) 熟悉多单元操作系统及各部分的主要功用。

(2) 熟悉反渗透的基本原理、反渗透系统的结构及基本操作。

(3) 了解反渗透操作的影响因素如温度、压力、流量等对脱盐效果的影响。

二、实验原理

反渗透是最精细的过程，因此又称“高滤”(hyperfiltration)，它是利用反渗透膜选择性地只能透过溶剂而截留离子物质的性质，以膜两侧静压差为推动力，克服溶剂的渗透压，使溶剂通过反渗透膜而实现对液体混合物进行分离的膜过程，反渗透过程的操作压差一般为1.0~10.0 MPa，截留组分为$(1\sim10)\times10^{-10}$ m小分子溶质，水处理是反渗透用得最多的场合，包括水的脱盐、软化、除菌除杂等，此外其应用也扩展到化工、食品、制药、造纸工业中某些有机物和无机物的分离等。

理解反渗透的操作原理必须从理解Van’t Hoff的渗透压定律开始。如图3.3.1(a)所示，当用半透膜(能够让溶液中一种或几种组分通过而其他组分不能通过的选择性膜)隔开纯溶剂和溶液的时候，由于溶剂的渗透压高于溶液的渗透压，纯溶剂通过膜向溶液相有一个自发的流动，这一现象叫渗透。渗透的结果是溶液侧的液柱上升，直到溶液的液柱升到一定高度并保持不变，两侧的静压差就等于纯溶剂与溶液之间的渗透压，此时系统达到平衡，溶剂不再流入溶液中，此时称渗透平衡(图3.3.1(b))。若在溶液侧施加压力，就会减少溶剂向溶液的渗透，当增加的压力高于渗透压时，便可使溶液中的溶剂向纯溶剂侧流动(图3.3.1(c))，即溶剂将从溶质浓度高的一侧向浓度低的一侧流动，这就是反渗透的原理。

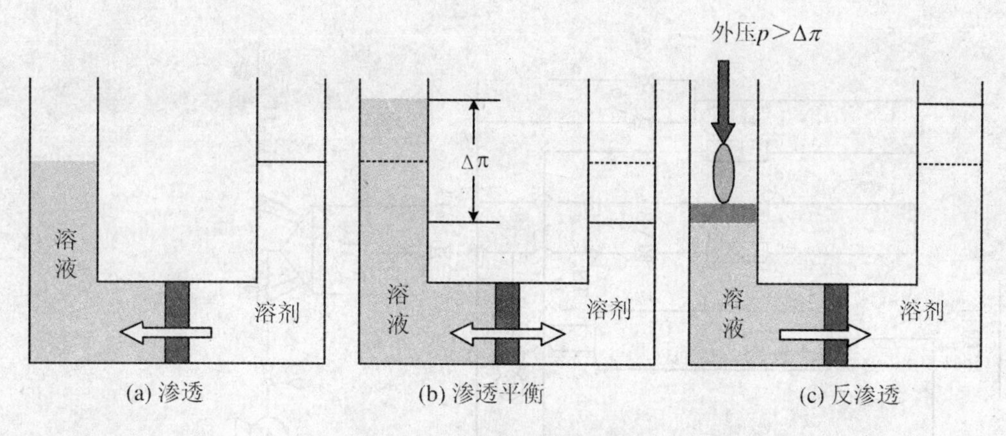

图 3.3.1 反渗透原理示意图

三、实验装置

由于反渗透是精密的膜过滤过程,因此在进行操作之前,必须进行预处理,处理过程包括离子交换去除二价离子、活性炭吸附有机物、微滤去除颗粒悬浮物等,整套实验装置由下面两个系统组成(图 3.3.2)。

1. 水净化工艺流程(系统)

原水罐→增压泵→活性炭过滤器 A,B→阳离子交换树脂柱 C→精密预过滤器 D→高压泵 I→反渗透膜 E,F→通过 V_7淡水收集阀收集纯净水。

2. 清洗工艺流程

清洗罐→清洗泵→反渗透膜组件 E,F→清洗罐。

四、实验步骤

1. 水净化

(1) 开机前打开阀,V_1,V_2,V_3,V_4及 V_{4-3}(其他阀门关闭)。

(2) 开增压泵,原水经过 A,B,C,D 由 V_{4-3}排放,直到排放水符合进膜水质要求为止。

(3) 打开 V_5,V_6,V_8,关闭 V_{4-3},先开增压泵,再开高压泵,经预处理过的水,经 V_5、高压泵到达 E,F 膜组件,然后分别流经渗透侧转子流量计 L、渗透侧排放阀 V_6、浓缩侧转子流量计 K、浓缩侧出口调压阀 V_8排放。当 V_6流出水质达标后,打开淡水收集阀 V_7,关闭 V_6,通过调节 V_8来控制进出膜系统管路的压力。

(4) 记录不同压力下浓缩侧和渗透侧的流量及渗透侧的电导率。

(5) 水净化操作完毕,先停高压泵,再停增压泵,最后关闭系统阀门。

2. 膜组件清洗

清洗时直接由清洗泵打入反渗透膜组件中,此时只需关闭相应的阀门即可,清洗水为反渗透处理后的水。

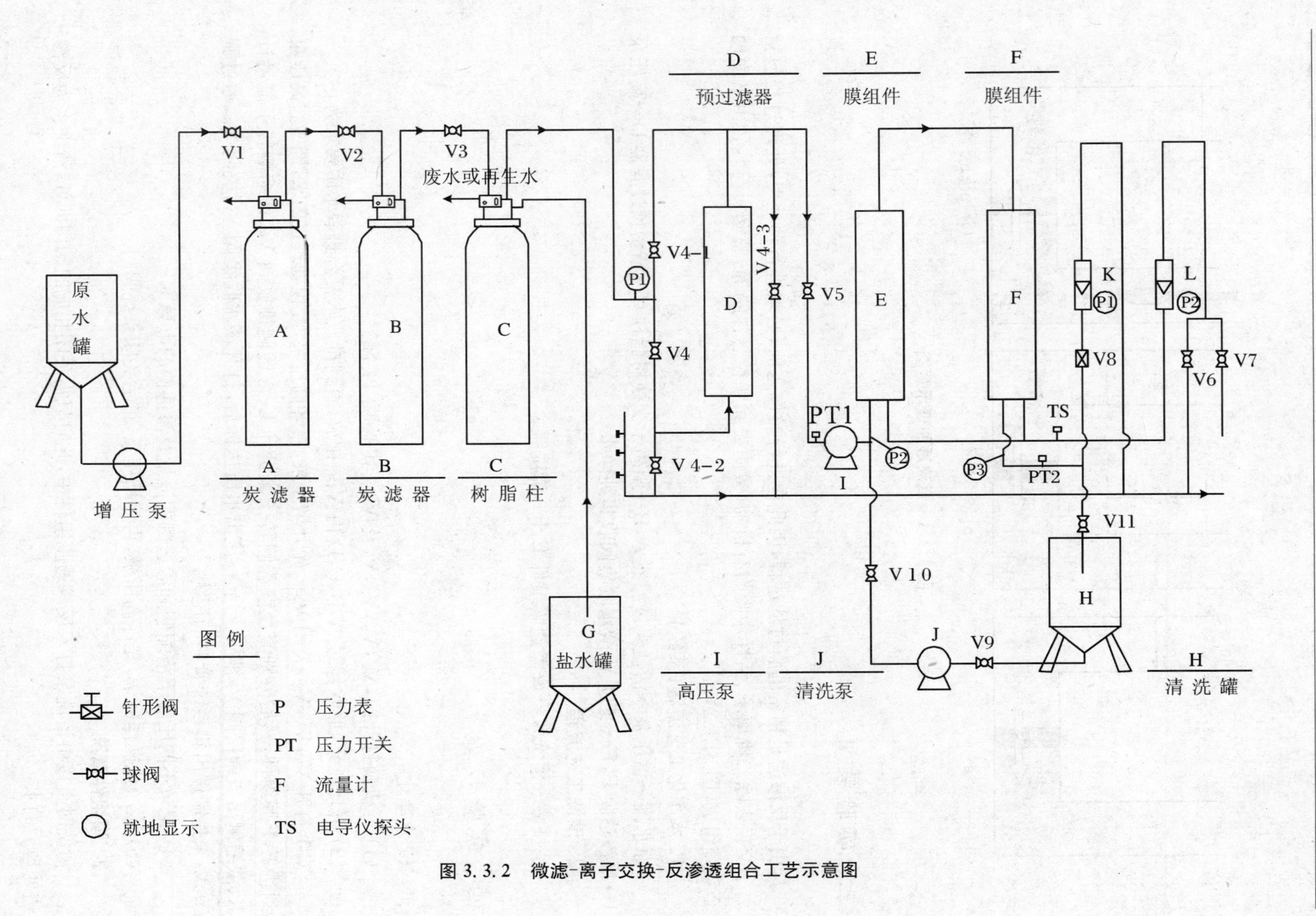

图 3.3.2 微滤-离子交换-反渗透组合工艺示意图

五、实验注意事项

（1）开机前，要认真检查管路阀门的启闭状态，保证管路畅通。

（2）反渗透膜在正常运行及清洗过程中，渗透侧阀门 V_6，V_7 严禁同时关闭，以免产生背压，对反渗透膜造成永久性损坏。

（3）膜的工作压力不能大于 16 atm。

六、实验结果与分析

（1）参考表 3.3.1 记录实验数据。

表 3.3.1　数据记录

原水电导________　　温度________

序　号	膜前压力	膜后压力	渗透侧通量	浓缩侧通量	渗透侧电导

（2）膜的截留率可按下式进行计算：

$$R = 1 - C_p / C_f$$

式中：C_p，C_f—透过侧和原料侧浓度。

（3）在一定范围内，浓度与电导成正比，试根据实验结果画出压力-流量-截留率的曲线。

七、思考题

（1）反渗透之前为什么进行预处理，各部分预处理的功用是什么？

（2）该装置有三个泵，请指出它们的用途。

（3）反渗透有两种主要操作模式，一种是料液不循环（浓缩侧排放），另一种是浓缩侧循环，试定性说明在操作压力不变的情况下，渗透侧流量、电导和整个系统温度的变化。

实验四　卷式扩散渗析膜组件回收钛白废酸中的硫酸

一、实验目的

(1) 熟悉扩散渗析技术的基本原理、卷式扩散渗析膜组件的结构及基本操作流程。

(2) 熟悉扩散渗析技术在钛白废酸行业中的应用。

(3) 了解时间对卷式扩散渗析膜组件性能的影响。

二、实验原理

扩散渗析是高浓度溶液中的溶质透过离子交换膜向低浓度溶液中迁移的过程。扩散渗析的推动力是离子交换膜两侧的溶液浓度差。扩散渗析技术已经有50多年的历史了,但是由于膜技术的局限,该技术的广泛应用受到了限制。近年来,膜技术飞速发展,各种各样的膜层出不穷,也推动了扩散渗析技术的发展。

回收酸盐废液中的无机酸采用的是阴离子交换膜扩散渗析法,如图3.4.1所示,在阴离子交换膜的两侧,分别通入酸盐废液及接收液(自来水)时,废液侧(A侧)的无机酸及其盐的浓度远高于水侧(B侧),因此,由于浓度梯度的存在,该酸及其盐有向B侧渗透的趋势。然而,阴离子交换膜是有选择透过性的,首先阴离子膜的骨架本身带正电荷,在溶液中能够吸引带负电荷的水化离子,而排斥带正电荷的水化离子,故在浓度差的作用下,废液侧的无机酸根离子被吸引而顺利地透过膜进入水的一侧。其次根据电中性要求,带正电荷的离子也有透过膜的趋势,由于氢离子的水化离子半径较小,电荷较少,而金属离子的水化离子半径较大,又是多价态的,因此氢离子会优先通过膜,如此,废液中的无机酸就被分离出来。由于采用逆流操作,在废液出口处,酸室中的酸虽因扩散而浓度大大降低,但仍比进口水中酸的浓度高,加上实际制膜时,可以通过侧基取代控制膜的含水量和孔径,所以扩散渗析对无机酸的回收率均能达到80%以上。

此方法由于高效、实用、无污染和工艺简单等独特优点,被普遍认为是高效节能的新型分离技术,是解决当代人类面临的能源、资源、环境等重大问题的有效手段,是实现可持续发展战略的技术基础。

酸回收率计算公式如下:

$$\eta = \frac{C_{rH} Q_r}{C_{jH} Q_j + C_{rH} Q_r} \tag{3.4.1}$$

式中:C_{rH}—回收酸液中硫酸浓度;

Q_r—回收酸液流量;

C_{jH}—残液中酸浓度;

Q_j—残液流量。

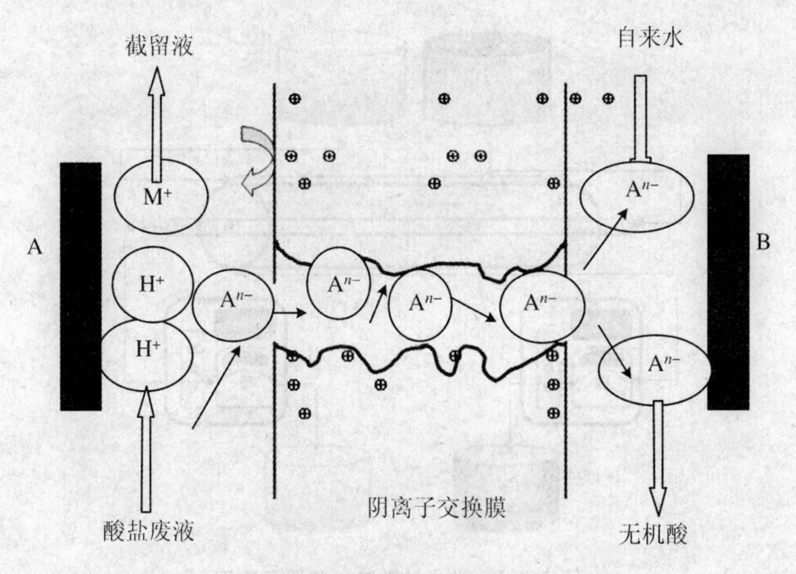

图 3.4.1　扩散渗析原理

铁离子的截留率计算公式如下：

$$R = \frac{C_{jFe}Q_j}{C_{jFe}Q_j + C_{rFe}Q_r} \tag{3.4.2}$$

式中：C_{jFe}—残液中亚铁离子的浓度；

Q_j—截留液流量；

C_{rFe}—回收酸液中亚铁离子的浓度；

Q_r—回收酸液流量。

三、实验装置

本实验装置是自主研发的实验设备，装置由合肥科佳高分子材料有限公司加工，整个装置主要包括卷式扩散渗析膜组件一只（中国科学技术大学-黄山永佳膜中心生产，型号为 CJ-SWDD-01，有效面积为 1 m^2），蠕动泵两只（河北保定兰格恒流泵有限公司提供），四只溶液罐（3 L 左右）。整个装置示意图如图 3.4.2 所示。

四、实验试剂

(1) 试剂：0.5 $mol \cdot L^{-1}$ $FeSO_4$ 和 2 $mol \cdot L^{-1}$ H_2SO_4 混合溶液（模拟钛白废酸液）。

(2) $KMnO_4$ 标准溶液：0.05 $mol \cdot L^{-1}$。

(3) Na_2CO_3 标准溶液：0.2 $mol \cdot L^{-1}$。

(4) 指示剂：甲基橙。

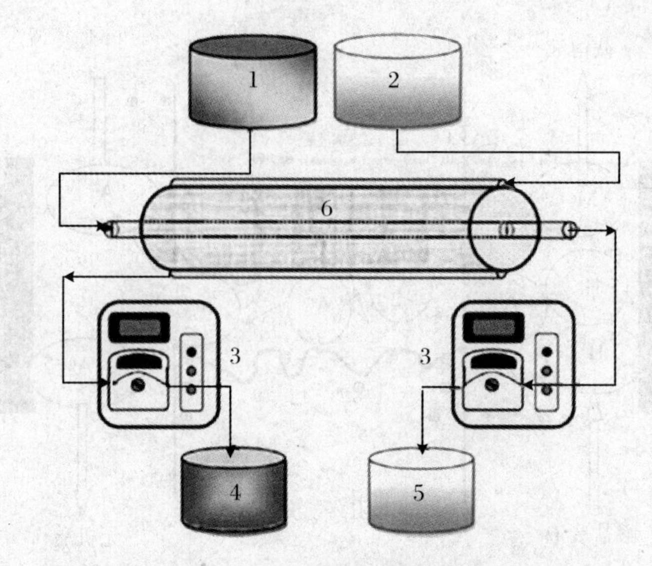

图 3.4.2 卷式扩散渗析装置示意图

1. 废液罐； 2. 纯水罐； 3. 蠕动泵； 4. 残液罐；
5. 回收酸罐； 6. 卷式扩散渗析膜组件

五、实验步骤

(1) 流道的冲洗与排气。

实验前，开启两侧蠕动泵的阀门，用钛白废酸液和纯水分别冲洗两侧的流道，直至将流道内的气泡排尽为止。如图 3.4.2 所示，废酸液从左侧的中心管进入，自来水从右侧的测流管进入，两股液体在组件内部形成螺旋式逆流流动。

(2) 废液和纯水处理。

待两侧流道中的气泡排尽后，关闭蠕动泵的阀门，将废液罐与纯水罐中分别注入相等体积的废液与纯水。

(3) 控制流速。

调节两侧蠕动泵的流速，保证流速比为 1 : 1，两侧流速可为 $2\ mL \cdot min^{-1}$，$4\ mL \cdot min^{-1}$，$6\ mL \cdot min^{-1}$，$8\ mL \cdot min^{-1}$，$10\ mL \cdot min^{-1}$（选择 1 组即可），开启蠕动泵，实验开始。

(4) 浓度监测。

实验过程中，以 20 min 为时间间隔，对两个流道的出口溶液进行 Fe^{2+} 与 H^+ 浓度的分析，并分别绘制两侧 Fe^{2+}/H^+ 浓度-时间变化图。

(5) 离子浓度分析。

实验中硫酸浓度和铁离子浓度由滴定方法测定，硫酸浓度用标准的 Na_2CO_3 溶液滴定，并以甲基橙作为指示剂，亚铁离子浓度是用标准的 $KMnO_4$ 溶液滴定。

六、实验注意事项

(1) 正式实验前,首先要先将水加入料液桶,试运行设备,然后检查设备是否运行正常,有无泄露情况,确保没有泄露情况才开始正式实验。

(2) 膜的使用温度不能超过 50 ℃。

(3) 实验结束以后至少要用 10 L 的自来水来冲洗膜组件,尽量将组件内的残留液清洗处理干净。

(4) 冲洗完成以后,将组件里封上一定体积的纯水,防止膜在干态下会损坏,影响其性能。

七、实验结果与分析

(1) 实验数据参考表 3.4.1 进行记录。

表 3.4.1　数据记录

时　间 (min)	废液侧 Fe^{2+} 浓度($mol \cdot L^{-1}$)	废液侧 H^+ 浓度($mol \cdot L^{-1}$)	水侧 Fe^{2+} 浓度($mol \cdot L^{-1}$)	废液侧 H^+ 浓度($mol \cdot L^{-1}$)	η	R
初始值						
20						
40						
60						
80						
100						
120						
140						
⋮						

(2) 计算酸回收率和盐的截留率。

八、思考题

(1) 比较扩散渗析和反渗透这两种膜过程在分离对象及原理方面有什么不同。

(2) 绘制出时间对卷式扩散渗析性能的影响的变化曲线图:两侧 Fe^{2+} /H^+ 浓度-时间变化图(绘制在同一张图中)和(η/R)-时间变化图(绘制在同一张图中),分析其变化的原因。

实验五　电渗析脱除水中的无机盐

一、实验目的

(1) 了解电渗析能够脱除水中无机盐的工作原理。

(2) 了解电渗析的最基本功能以及实验装置的搭建、运行操作和维护。

(3) 研究电渗析脱除水中无机盐的最佳条件。

二、实验原理

淡水是社会可持续发展的三个基本要素之一(另外两个分别为能源供给和环境保护),广泛用于农业生产、生活饮用和工业加工。但是地球上的水97%为海水,2%是以冰帽和冰川的形式存在,而可以直接利用的淡水不到0.5%。随着人口的增长,淡水资源匮乏已经成为了包括我国在内的世界很多国家面临的重大问题。虽然我国西、北方部分地区和东部地区有4 000多万农村人口在饮用微咸水,但是微咸水和咸水对人体健康是有害的。这些水中含有许多重金属以及有害杂质,口感苦涩,长期饮用会导致肠胃功能紊乱和免疫力下降。

采用电渗析技术可以实现高盐度水的淡化,满足淡水供应。同时,电渗析还可以对高盐度水中的盐分进行浓缩,为工业用盐开辟一大途径。电渗析是利用离子交换膜对阴阳离子的选择透过性能,在直流电场的作用下,使阴阳离子发生定向迁移,从而达到电解质溶液的分离、提纯和浓缩的目的。因此,离子交换膜和直流电场是电渗析过程必备的两个条件。

典型的电渗析过程如图3.5.1所示。图中阳离子交换膜(C)和阴离子交换膜(A)交替排列,可以有多个重复单元,再加上两端的电极室构成一个膜堆。阳离子交换膜带负电,它只允许带正电的阳离子通过;而阴离子交换膜带正电,它只允许带负电的阴离子通过。电极开始通电时,在直流电场的作用下,阴阳离子分别通过阴阳膜进行迁移,结果有的隔室内含盐量降低,有的隔室内含盐量升高。降低的隔室称作脱盐室或者淡化室(如隔室②和④),升高的隔室称作浓缩室(如隔室①和③),这就是电渗析最基本的工作原理。这一原理在化工、生化、环境保护、食品工业中均有着其他过滤膜不可替代的作用。

三、实验装置

实验中采用的电渗析实验装置如图3.5.1所示。主要包括直流稳压电源及电源连接线;明道式电渗析膜堆一套(单片膜有效面积40 cm^2),外配容量为1 000 mL烧杯4只,硅胶管8根(约0.5 m长);小型潜水泵4个;电导率仪。

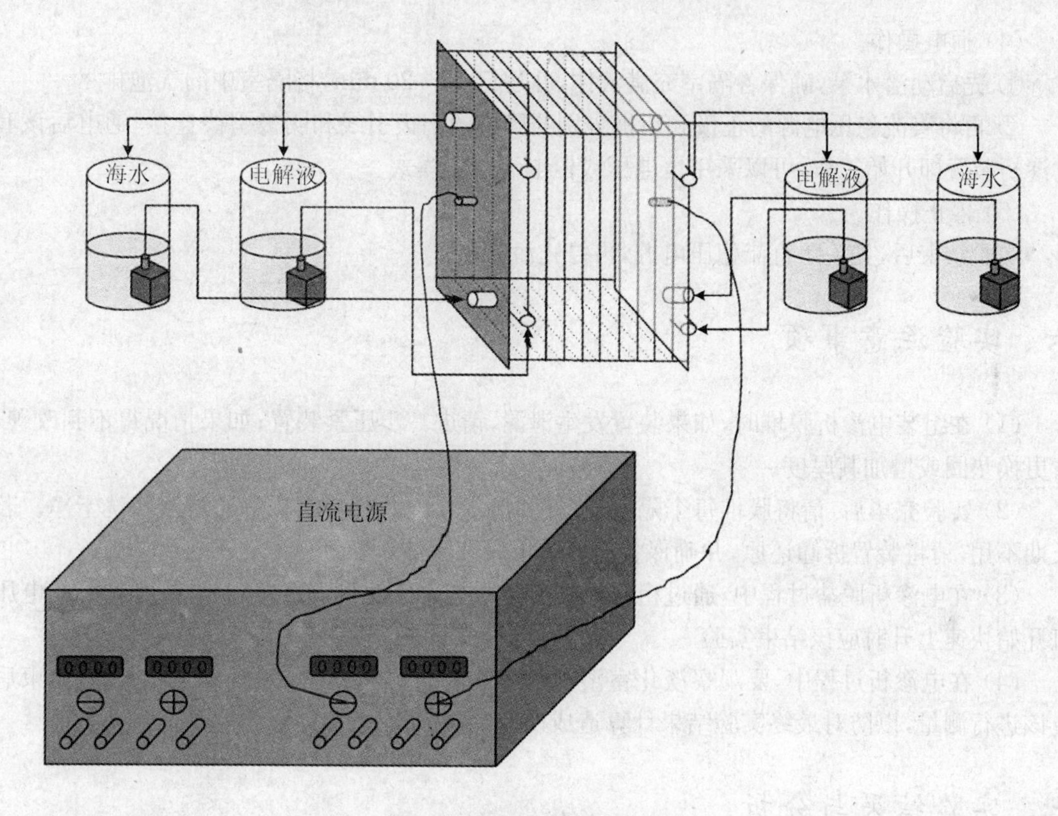

图 3.5.1　普通电渗析原理图

四、实验试剂

(1) 脱盐模拟溶液：NaCl 溶液，1 mol·L^{-1}，500 mL。

(2) 极水：Na_2SO_4溶液，0.3 mol·L^{-1}，1 000 mL(阴极室和阳极室各 500 mL)。

五、实验步骤

(1) 组装膜堆。

① 按照"阳极板—隔板—阳膜—隔板—阴膜—隔板—阳膜—阴极板"的顺序进行组装。用长杆螺钉压紧并锁紧膜堆。为了确保装置的严密性，确保隔板之间的垫圈厚度超过垫圈槽。

② 螺钉一共 6 根，用于装置压紧时请注意均匀用力，防止装置变形脆断。

(2) 连接外围设备。

将电极板上的相应的接口分别连接上出水管和进水管，再将进水管与外置烧杯中的潜水泵出口连接，而出水管的出口端接入此烧杯中，确保循环通路的畅通。

(3) 加入料液和极水。

在 C－A 间的隔室(浓缩室，如①和③)中注入去离子水，在 A－C 间的隔室(淡化室，如②和④)中注入脱盐模拟溶液，在极室注入极水，确保相应的液体能够淹没潜水泵。

(4) 通电操作。

① 先启动潜水泵，确保各隔室充满液体，并运行 15～20 min，将隔室中的气泡排尽。

② 再将直流稳压电源的正极和负极分别与膜堆的阳极引线和阴极引线连接，通电后该套电渗析装置即开始工作，可以采用恒电压或恒电流操作模式。

(5) 停止操作。

实验结束后，先关闭直流稳压电源，再停止潜水泵。

六、实验注意事项

(1) 在组装电渗析膜堆时，如果装置发生泄漏，请进一步压紧装置；如果情况得不到改善，请更换垫圈或增加其厚度。

(2) 实验完毕后，请将膜堆每个隔室、烧杯和潜水泵内的料液或电解质溶液清洗干净。若长期不用，请将装置拆卸还原，并确保各组件的干燥和清洁。

(3) 在电渗析脱盐过程中，通过粗略计算已知脱盐率已达到 90%以上时或者电源的电压值开始快速上升时应该结束实验。

(4) 在电渗析过程中，要观察淡化室溶液的体积变化，如果有太大变化时，在实验结束后应该进行测量，以防对最终实验结果计算造成误差。

七、实验结果与分析

实验过程中，浓缩室和淡化室中 NaCl 的含量我们采用电导率仪进行定性的测量。实验前，我们可以先配制一定浓度的标准 NaCl 溶液，用电导率测试不同浓度下的电导，然后作出电导率值-浓度的标准曲线，如图 3.5.2 所示（此图只是示例图）。淡化室和浓缩室含盐量可由标准曲线反推得到。

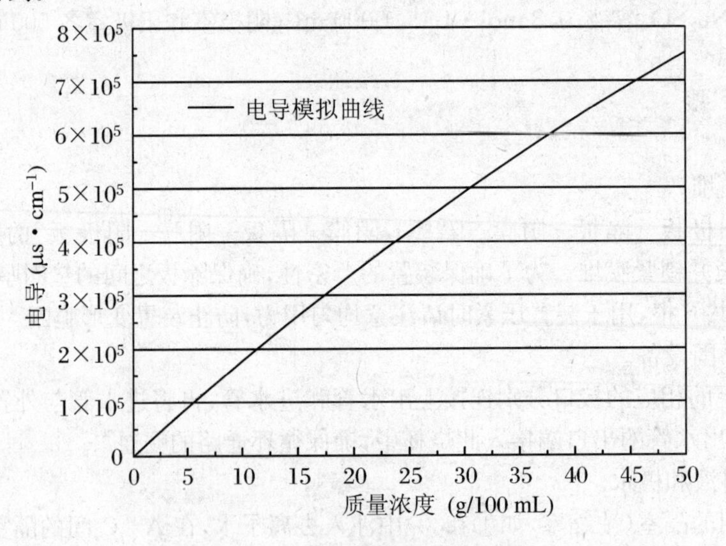

图 3.5.2　电导浓度关系模拟曲线

实验开始后,前10 min内每隔1 min记录一次电压、电流值,之后每隔5 min记录一次。同时每隔20 min分别对浓缩室和淡化室取样测相应电导率,如果电导率值超出电导率仪测量量程,需要对样品进行稀释。

(1) 实验数据参考表3.5.1进行记录。

表3.5.1　数据记录

时　间(min)	电　压(V)	电　流(A)	淡化室电导(μs·cm^{-1})	浓缩室电导(μs·cm^{-1})
0				
1				
2				
3				
4				
5				
6				
15				
20				
25				
30				
35				
40				
45				
50				
55				
60				
65				
70				
75				
80				
⋮				

时　间(min)	电　压(V)	电　流(A)
6		
7		
8		
9		
10		

(2) 脱盐率(R)计算公式:

$$R = \frac{C_0 - C_t}{C_0} \times 100\%$$

式中:R—脱盐率,%;

C_0，C_t—淡化室中 NaCl 在通电时间为 0 和 t 时的浓度，$mol \cdot L^{-1}$。

电流效率(η)计算公式：

$$\eta = \frac{zVF(C_0 - C_t)}{It} \times 100\%$$

式中：z—计算电流效率基准物的化合价（此值为绝对值。此实验中，计算基准物为 NaCl，氯离子的化合价为 -1，故 $z=1$）；

V—淡化室溶液体积；

F—法拉第常数；

C_0，C_t—淡化室中 NaCl 在通电时间为 0 和 t 时的浓度，$mol \cdot L^{-1}$；

I—操作电流；

t—操作时间。

注　计算过程中注意各个变量的单位转换及统一。

八、思考题

(1) 如何操作能够得到一个较高的脱盐电流效率？

(2) 脱盐率已达到 90%时或者电压开始快速上升时应该结束实验的原因是什么？

(3) 为什么在实验结束时应先关闭直流稳压电源，然后再关闭潜水泵？

实验六　双极膜电渗析同时产酸产碱

一、实验目的

(1) 了解双极膜电渗析的工作原理。

(2) 了解双极膜的特殊功能以及双极膜电渗析实验装置的搭建、运行操作和维护。

(3) 了解双极膜电渗析的操作条件以及膜堆构型对产酸产碱效率的影响。

二、实验原理

如图 3.6.1 所示，双极膜是由阴离子交换层和阳离子交换层复合而成的，在反向偏压下产生水解离，从而产生 H^+ 和 OH^- 离子而不像水电解反应产生气体。这样一来，氢离子和氢氧根离子，盐阴阳离子在电场的作用下发生透过离子膜的定向迁移，形成酸和碱。所以，双极膜电渗析是在双极膜能够解离水的特性和普通电渗析的浓缩淡化效果上发展起来的一项新技术。在实际生产中，组装双极膜电渗析膜堆时，一对电极中间可以组合上至百对的双极膜同时进行水解离，不仅设备占地小重量轻而且能耗低，更重要的是它可以中和反应的共轭反应，因此在化工生产、环境保护、生物技术、食品行业等领域中发挥着巨大的作用。

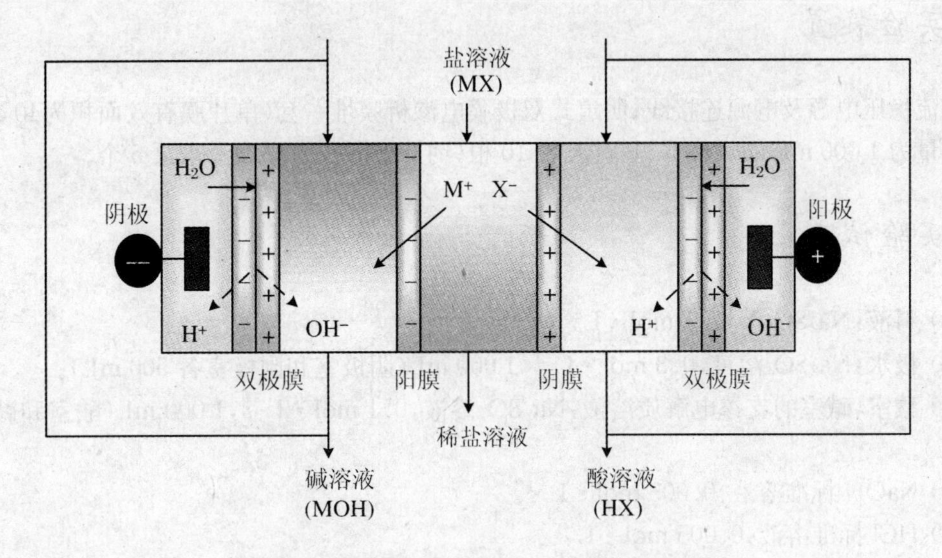

图 3.6.1　双极膜电渗析同时产酸产碱原理示意图

双极膜电渗析的主要应用总结见表 3.6.1。

表 3.6.1　双极膜电渗析的主要应用

应用领域	具体应用	应用原理
化工生产中	生产酸碱	可直接将无机盐的水溶液转化为相应的酸和碱（中和反应的逆反应）
	高铁酸盐的制备	在强碱性电解质中，将牺牲铁阳极氧化成高铁酸盐。避免了繁琐的提纯工艺和高铁本身的不稳定性带来的问题
	有机相内的化工合成	在非水体系中，可以对醇进行解离，生产醇钠
污染控制/资源回收中	铀加工废水的处理	铀（UF_6）加工过程中会形成 KF 盐，利用双极膜电渗析可转化为 HF 和 KOH，避免废渣的产生
	人造丝生产过程中硫酸钠的再生	利用双极膜的特性生产 H_2SO_4 和 NaOH，缩减整个工艺的耗水量
	气体吸收工艺	实例：二甲基异丙基胺的处理
生物技术中	从发酵液中回收有机酸	
食品工业中	（1）大豆分离蛋白的沉淀分离；（2）酪蛋白酸的生产；（3）果汁生产过程中的 pH 稳定	主要是利用双极膜能够解离水的特性

三、实验装置

直流稳压电源及电源连接线；明道式双极膜电渗析膜堆一套（单片膜有效面积为40 cm^2），外配容量为 1 000 mL 的烧杯 5 只，硅胶管 10 根（约 0.5 m 长）；小型潜水泵 5 个。

四、实验试剂

（1）料液：Na_2SO_4溶液，1 mol·L^{-1}，500 mL。

（2）极水：Na_2SO_4溶液，0.3 mol·L^{-1}，1 000 mL（阴极室和阳极室各 500 mL）。

（3）酸室、碱室的支撑电解质溶液：Na_2SO_4溶液，0.1 mol·L^{-1}，1 000 mL（酸室和碱室各 500 mL）。

（4）NaOH 标准溶液：0.005 mol·L^{-1}。

（5）HCl 标准溶液：0.005 mol·L^{-1}。

（6）指示剂：甲基橙、酚酞。

五、实验步骤

（1）组装膜堆。

按“阳极板—隔板—双极膜—隔板—阴膜—隔板—阳膜—隔板—双极膜—阴极板”顺序组装，用长杆螺钉压紧并锁紧膜堆。为了确保装置的严密性，请确保隔板之间的垫圈厚度超过垫圈槽。螺钉一共 6 根，用于装置压紧时请注意均匀用力，防止装置变形脆断。

注 组装膜堆时，请确保双极膜的阳膜侧朝向阴极板。

（2）连接外围设备。

将隔板上的接口分别连接上出水管和进水管，再将进水管与外置烧杯中的潜水泵出口连接，而出水管的出口端接入此烧杯中，确保循环通路的畅通。

（3）加入料液和极水。

在盐室中加入料液，在极室中加入极水，在酸室和碱室加入支撑电解质溶液，并保证每个烧杯中的料液淹没潜水泵。

（4）通电操作。

先启动潜水泵，确保各隔室充满液体，并循环 15～20 min，将隔室中的气泡排尽。再将直流电源的正极和负极分别与膜堆的阳极引线和阴极引线连接，通电后该套双极膜电渗析装置即开始工作，采用恒电流（如 1.2 A）操作模式。

（5）电压监测。

电渗析装置通电后，前 10 min 每 1 min 记录一次电压值，以后每 5 min 记录一次，并绘制电压-时间变化图。

（6）停止操作。

实验结束后，先关闭直流稳压电源，再停止潜水泵。

六、实验注意事项

(1) 如果装置发生泄漏,请进一步压紧装置;如果情况得不到改善,请更换垫圈或增加其厚度。

(2) 实验完毕后,请将隔室、烧杯和潜水泵内的料液或电解质溶液清洗干净。若长期不用,请将装置拆卸还原,并确保各组件的干燥和清洁。

(3) 在电渗析过程中,通过粗略计算已知盐室脱盐率已达到90%以上时应该结束实验。

七、实验结果与分析

在通电操作后每隔一段时间(如10 min)从酸室和碱室同时取样(如1 mL),采用酸碱滴定法测定酸室和碱室的浓度,并根据下面的公式计算产酸量(N_{acid})和产碱量(N_{base}),以及他们各自的电流效率(η_{acid}和η_{base}):

$$N_{acid} = (C_{at} - C_{a0}) \times V \tag{3.6.1}$$

$$\eta_{acid} = \frac{2N_{acid}F}{It} \times 100\% \tag{3.6.2}$$

$$N_{base} = (C_{bt} - C_{b0}) \times V \tag{3.6.3}$$

$$\eta_{base} = \frac{N_{base}F}{It} \times 100\% \tag{3.6.4}$$

式中:C_{a0},C_{at}—酸室中H_2SO_4在通电时间为0和t时的浓度;

C_{b0},C_{bt}—碱室中NaOH在通电时间为0和t时的浓度;

V—淡化室溶液体积;

F—法拉第常数;

I—操作电流。

注　在计算产酸电流效率时,由于1 mol硫酸消耗2 mol的H^+离子,因此计算电量时要乘以2。

八、思考题

(1) 实验中产酸产碱的当量浓度为什么不同?

(2) 双极膜电渗析通电操作过程中,可能会发生的离子或分子传质过程都有哪些?这些传质过程对双极膜电渗析过程的效率都有什么影响?

(3) 双极膜电渗析通电操作的过程中,除了双极膜能够发生水解离,单级膜(如阴离子交换膜和阳离子交换膜)能不能发生水解离?为什么?

实验七 膜蒸馏海水淡化实验

一、实验目的

(1) 了解膜蒸馏海水淡化的基本原理、膜蒸馏组件的构造及操作方法。

(2) 考察进料速度、料液侧温度对海水淡化效果的影响。

(3) 了解膜蒸馏在处理不同料液时的优点。

二、实验原理

膜蒸馏是一种利用疏水性微孔膜将两种不同温度的溶液分开,较高温度侧溶液中的易挥发物质呈气态透过膜,进入膜另一侧冷凝的膜分离过程。它有别于其他膜分离过程:① 所用的膜是微孔膜;② 膜一侧不能被处理料液浸润;③ 膜孔内无毛细管冷凝现象;④ 只有蒸汽能通过膜孔传质;⑤ 膜不能改变操作溶液各组分的气液平衡;⑥ 膜蒸馏组件中膜至少一侧要与操作溶液直接接触,对于每一组分而言,膜操作的推动力是由于膜两侧蒸汽温度差造成的组分的气相分压梯度,它是热量和质量同时传递的过程,膜孔内传质过程是分子扩散和克努森扩散的综合结果。原理如图 3.7.1(真空膜蒸馏)所示,主要传质过程有:

(1) 水在料液侧膜表面汽化。

(2) 汽化水蒸气通过疏水膜进行传质。

(3) 水蒸气在膜低温侧进行冷凝或者被抽入冷凝器中冷凝成液态水。

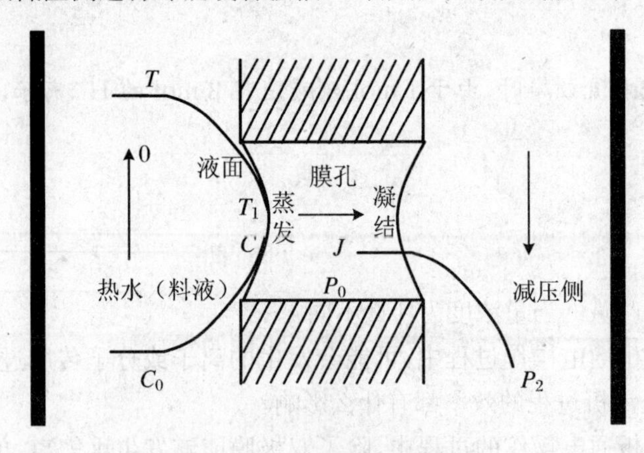

图 3.7.1 减压膜蒸馏原理图

一般来讲它有着以下几个优点:

(1) 截留率高,对于盐的选择性可以大于反渗透甚至多效闪蒸。

(2) 操作温度比传统蒸馏低得多,对被处理物质物理化学性质影响较小,可以利用地热、太阳能、工业废热预热等,能耗低。

(3) 操作压力较其他膜分离过程低。

(4) 可以获得纯度很高的透过液、浓缩倍数等优点。

根据膜下游侧冷凝方式的不同,膜蒸馏过程可以分为以下类型:直接接触式膜蒸馏(DCMD);气隙式膜蒸馏(AGMD);真空膜蒸馏(VMD);吹扫气膜蒸馏(SGMD),如图 3.7.2 所示。

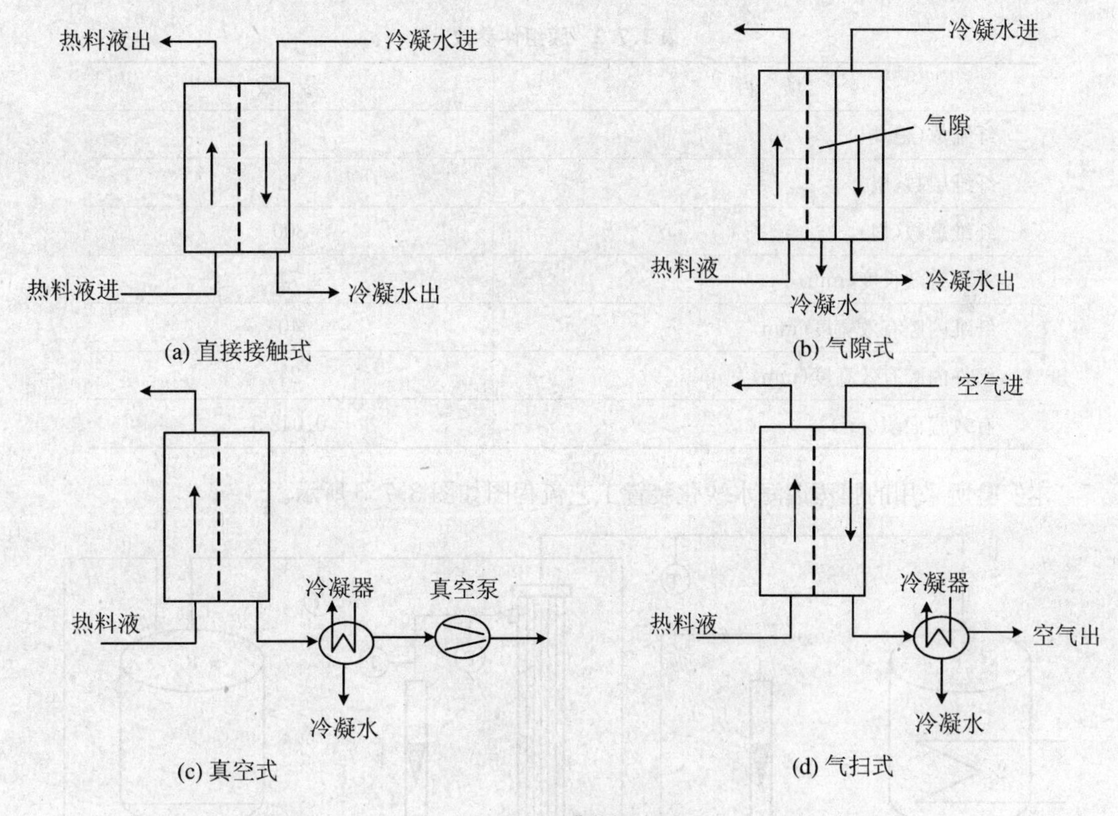

图 3.7.2 膜蒸馏类型

膜蒸馏过程应用广泛,主要分为两类:以渗透液为目的的产物和以截留物为目的的产物。

(1) 纯水生产:如海水和苦咸水脱盐;电场锅炉用水;半导体工业用水。

(2) 溶液浓缩:废水处理;果汁等浓缩;盐、酸、碱的浓缩。

(3) 挥发性生物产品脱除:乙醇、丁醇、丙酮或者芳香族化合物等挥发性产品可以通过发酵过程制取并可以利用膜蒸馏过程脱除;处理含低浓度挥发性组分的水溶液,如乙醇-水、三氯乙烯-水的体系。

三、实验装置

本实验采用内衬纤维的疏水性聚丙烯中空纤维膜,天津膜科力提供,膜参数如表 3.7.1

所示。

表 3.7.1 聚丙烯中空纤维膜参数

膜材料	膜厚(μm)	纤维内径(μm)	纤维外径(μm)	平均孔径(μm)	孔隙率
聚丙烯	220	610	1 050	0.2	50%～60%

实验采用矩形错流式中空纤维膜组件，在膜组件内中空纤维均匀平行的排列在膜件中心的膜槽内，其中膜组件的参数如表 3.7.2 所示。

表 3.7.2 膜组件参数

项 目	参 数
纤维数(根/层)	25
纤维层数(层)	12
纤维总数(根)	300
纤维有效长度(mm)	74
纤维内腔有效宽度(mm)	40
组件内腔有效高度(mm)	24
有效膜面积(m^2)	0.042 5

本实验所采用的膜蒸馏海水淡化装置工艺流程图如图 3.7.3 所示。

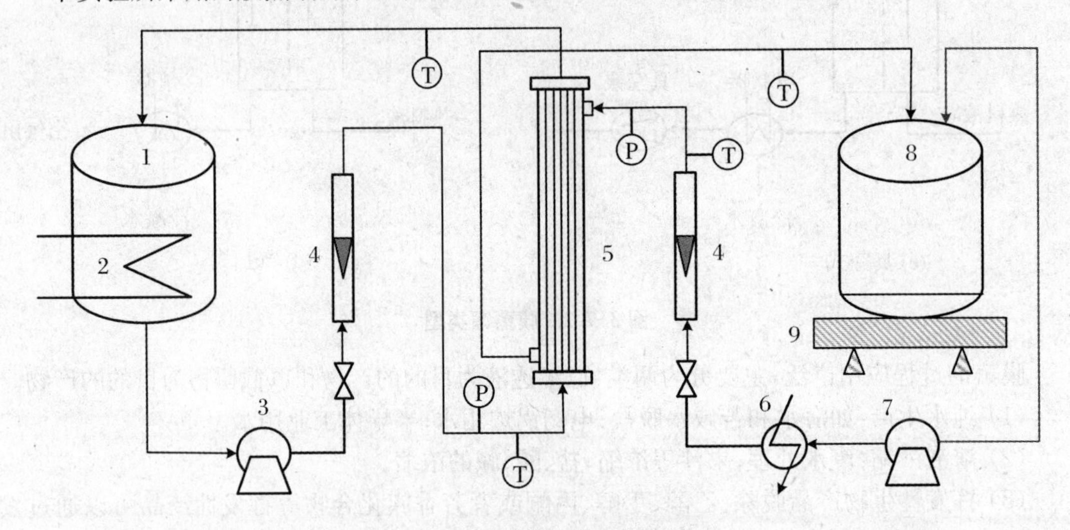

图 3.7.3 膜蒸馏海水淡化流程图

1. 进料管； 2. 恒温加热器； 3. 磁力泵； 4. 转子流量计； 5. 膜组件； 6. 恒温冷却器； 7. 磁力泵； 8. 淡化循环槽； 9. 电子天平

料液中含盐量(TDS)由电导率仪测试，TDS 与电导率是成正比关系的。首先实验前我们先用海水精配制 0～300 $g \cdot L^{-1}$的标准卤水溶液，用电导率仪测电导率，然后作出模拟的曲线，在这里我们给出标准曲线如图 3.7.4 所示。

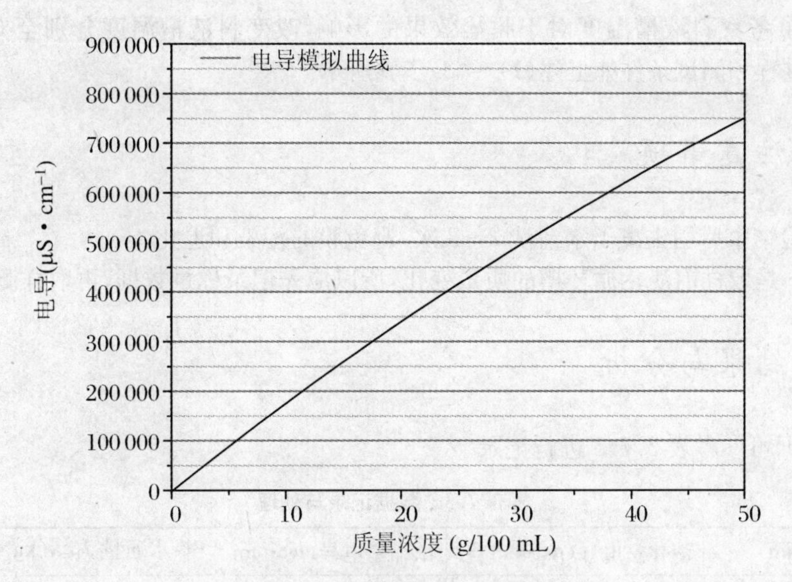

图 3.7.4　电导-浓度模拟曲线

最终处理过后淡化室和浓缩室 TDS 含量将由图中模拟标准曲线反推得到。

脱盐率计算公式：

$$R = \frac{\delta_0 - \delta_t}{\delta_0}$$

式中：R—脱盐率，%；

σ_0，σ_t—初始和时间 t 时刻的溶液电导率，$\mu s \cdot cm^{-1}$。

水通量计算公式：

$$J_{H_2O} = \frac{\Delta m}{A \Delta t}$$

式中：J_{H_2O}—过程水通量，$kg \cdot cm^{-2} \cdot h^{-1}$；

Δt—实验操作时间，h；

A—膜组件有效面积，cm^2；

Δm—淡化循环槽取样前 Δt 时间内所增加质量，kg。

四、实验步骤

(1) 向料液槽中加入 400 mL 待处理模拟海水，淡化循环槽加入 200 mL 去离子水，打开磁力泵循环约 10 min，使得装置处于稳定状态。

(2) 分别关闭③、④中间处，④、⑥中间处水阀，打开加热装置和冷却装置，升高料液槽温度并维持在 90 ℃，淡化循环槽维持在 25 ℃，进料线速度维持在 $2\ cm \cdot s^{-1}$。

(3) 每隔 20 min 用移液枪分别从料液槽和淡化循环槽取样 1 mL 测电导率，并记录电子天平指数。当脱盐率达到 90%时停止实验，用去离子水清洗膜组件 2～3 次。

(4) 为了考察进料线速度对于脱盐效果的影响，分别改变线速度至 $3\ cm \cdot s^{-1}$，$4\ cm \cdot s^{-1}$，$5\ cm \cdot s^{-1}$，实验过程和测试条件如上述(1)～(3)步骤所示。

(5) 为了考察料液槽温度对于脱盐效果的影响,改变料液槽温度分别至 60 ℃,70 ℃,80 ℃,实验过程和测试条件如上述(1)~(3)步骤所示。

五、实验注意事项

(1) 实验结束后用去离子水清洗 2~3 次,避免膜的污染和退化。

(2) Δm 是取样前淡化循环槽的质量变化,所以应先记录称量数据,再取样测溶液电导。

六、实验结果与分析

实验数据可参考表 3.7.3 进行记录。

表 3.7.3 数据记录与处理

时间 t(min)	淡化室电导($\mu s \cdot cm^{-1}$)	浓缩室电导($\mu s \cdot cm^{-1}$)	水通量 J_{H_2O}($kg \cdot cm^{-2} \cdot h^{-1}$)
0			
20			
40			
60			
80			
100			
120			
最终脱盐率(%)			

七、思考题

(1) 通过实验数据分析料液槽温度和进料速率对海水最终淡化效果的影响。

(2) 思考本实验采用错流式操作的原因。设想如果是真空膜蒸馏和气隙式膜蒸馏,何种操作模式比较合适?

(3) 请分析水通量与料液槽温度和流速的关系。

实验八 超滤膜组件的组装及茶叶中茶多酚的分离实验

一、实验目的

(1) 学会板式超滤膜组件的装配。

(2) 熟悉板式超滤器的原理、结构及基本流程。

(3) 了解温度、压力、流量及物料分子量等因素对通量的影响。

二、实验原理

我国作为世界茶叶生产和消费大国,生产茶饮料是国内饮料的发展方向。但在茶饮料生产过程中,由于茶水中的多酚类物质和水溶性蛋白质等络合形成絮状沉淀,导致茶饮料冷却后出现浑浊沉淀现象。茶多酚是茶叶中酚类物质及其衍生物的总称,其主体是儿茶素,为茶叶中特有的成分,其具有延缓衰老、抑制肿瘤、抗衰老、降胆固醇和预防龋齿等功效。

茶叶资源的澄清技术通常将过滤和离心联合使用,工艺繁琐、历时长、电能耗费大,使用絮凝剂、澄清剂或沉淀剂虽对产品的澄清度与冷溶性有所改善,但加入的外源物对茶饮料的感官品质会产生不利的影响。

膜技术于20世纪50年代初因海水淡化而发展,目前该技术已成为一项用于澄清、分离、除菌和浓缩等方面的新兴绿色和节能技术。膜分离技术具有以下优点:① 膜分离过程的能耗比较低;② 适合热敏性物质分离;③ 分离装置简单、操作方便;④ 工艺适应性强;⑤ 便于回收;⑥ 没有二次污染。

实验通过对板式膜组件的组装与调试,获得适合分离茶叶的超滤膜组件系统。进一步采用该系统,在不同的实验条件下,对茶液进行超滤实验,提取分离茶叶中的茶多酚。并对不同操作条件下所得产品的理化特性进行对比,获得最佳的实验条件,即改善感官品质,使得茶液澄清,但是茶液中茶多酚损失小。

超滤系统采用膜与膜相对进行组装,原液由蠕动泵抽入膜组件中,流过膜表面,部分所需分离物质透过膜,从管道流出即为透过液,未通过液体为截留液从另一管道流出,进行回流循环操作,最终得到所需量透过液,其原理示意图如图3.8.1所示。

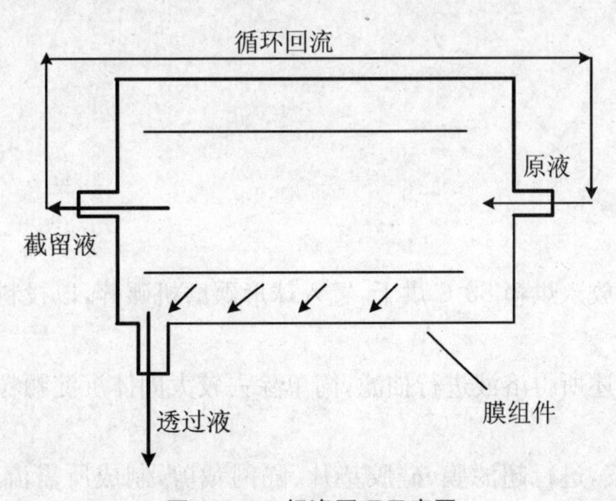

图3.8.1　超滤原理示意图

通过超滤膜、硅胶垫片、隔网裁剪,制成所需流道,再进行膜堆组装,超滤膜采用膜膜相对的方式进行组装,一个重复单元的内部结构示意图如图3.8.2所示。将制作好的膜堆连接上蠕动泵与压力表,获得SY-MU2010切向流超滤系统。

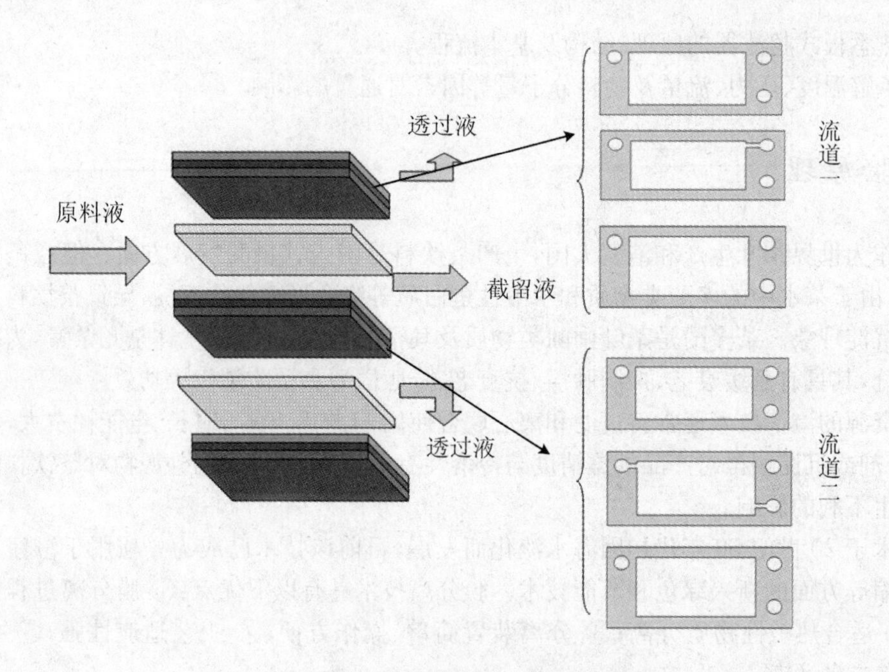

图 3.8.2 超滤膜组件内部示意图

三、实验仪器和材料

1. 实验仪器

SY－MU2010 切向流超滤系统，抽滤装置，紫外-可见光分光光度计（UV－1910），烘箱，球形碾磨机，恒温加热磁力搅拌器，分析天平，数字酸度计，蠕动泵。

2. 实验材料

黄山毛峰茶叶。

四、实验步骤

1. 茶原液的准备

原液配制：将茶叶放入烘箱 80 ℃烘干，置入球形碾磨机碾碎，以投料质量比为 1∶20 加入水，加热溶解；

原液预处理：将上述所得溶液进行抽滤，简单除去较大固体沉淀颗粒，所得料液冷藏。

2. 膜组件制作

实验自主设计方案，进行超滤膜、硅胶垫片、隔网裁剪，制成所需流道，再进行膜堆组装。将制作好的膜堆连接上蠕动泵与压力表，获得 SY－MU2010 切向流超滤系统。超滤实验前后进行了膜通量实验及膜清洗实验。在进行茶液超滤实验前进行膜通量实验，获得的膜通量如图 3.8.3 所示，说明在一定压强范围内随着压力的增大通量线性增大，保证每次实验膜通量相同。

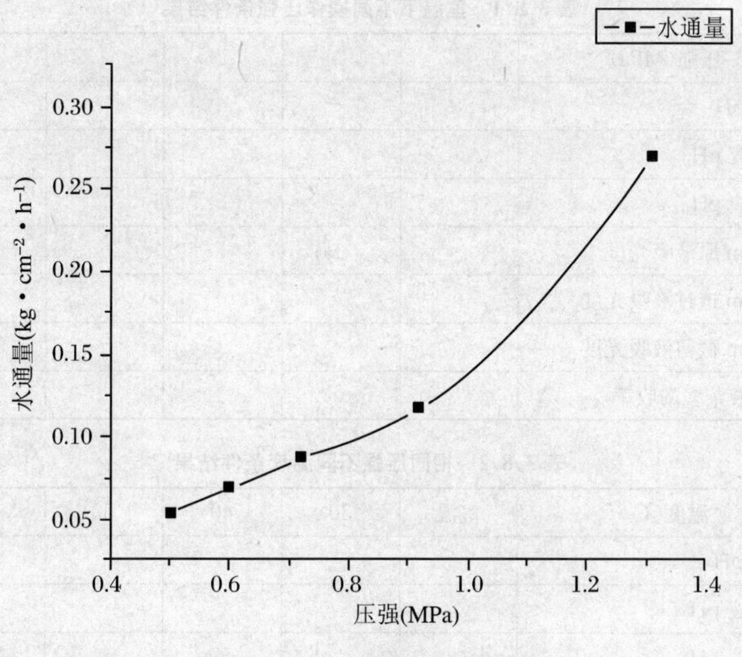

图 3.8.3　水通量与压强关系图

膜清洗实验具体步骤:首先配置 pH 约为 12 的 NaOH 溶液,进行超滤操作 30 min,再用清水进行超滤 30 min,直至水通量与第一次使用基本吻合,每次实验后都需进行清洗实验,保证实验的重复性和准确性。

3. 超滤实验

应用 SY－MU2010 切向流超滤系统进行茶多酚的超滤分离效果实验。将料液连接上蠕动泵,打开仪器调节压强、温度,进行超滤,得到透过液与截留液。

(1) 通过酸度计测量原液、透过液和截留液的 pH。

(2) 将料液稀释 100 倍放入紫外分光光度计中扫描图谱,以 540 nm 为茶多酚吸收峰,通过吸光度的大小进行茶多酚的定量比较。

五、实验注意事项

(1) 膜组件组装过程中,要注意不同流道的正确选择,固定时注意四角用力要均匀。

(2) 如果装置有泄漏,请进一步压紧装置;如果情况得不到改善,请重新实验。

(3) 实验结束后,对膜组件进行充分的清洗。将装置拆开恢复原样。要对使用过的各个零件个数进行清点。

六、实验数据记录

(1) 参考表 3.8.1 和表 3.8.2 进行数据记录。

表 3.8.1 室温下不同操作压强条件结果

压强(MPa)					
原液 pH					
透过液 pH					
截留液 pH					
540 nm 原液吸光度					
540 nm 透过液吸光度					
540 nm 截留液吸光度					
透过液茶多酚收率					

表 3.8.2 相同压强不同温度条件结果

温度(℃)	室温	30	40	50	60
原液 pH					
透过液 pH					
截留液 pH					
540 nm 原液吸光度					
540 nm 透过液吸光度					
540 nm 截留液吸光度					
透过液茶多酚收率					

(2) 绘制水通量曲线。

(3) 计算茶多酚的截留率。

七、思考题

(1) 外围设备连接过程中,如果将截留调节阀位置接错会有什么现象?

(2) 如何提高超滤的分离效率?

第四章　化学工程专业实验之二：膜分离综合实验

引　言

传统的化学反应包括两步：一是反应物在完全混合反应器中混合反应；二是利用传统单元操作分离产物，分离费用占投资成本的一半以上。随着市场对产品纯度的要求日益严格，分离投资的操作费用也在逐渐增加，同时废液产生量也随之增加，造成严重的环境污染。现代化学工业提倡过程的绿色化和环境化，在化工生产过程和产品整个生命周期（应用）过程中，谋求自然资源和能源利用的最合理化、经济效益最大化及对人类和环境的危害最小化。在这种思想的指导下，现代化学工程沿着两个主要的方向发展，即化学合成新技术（如无溶剂合成、超临界流体合成等）和化工分离新技术（如膜分离技术等）。新的化工反应-分离一体化技术备受人们的重视，并且在清洁生产中发挥着重要的作用。清洁生产是 20 世纪 90 年代初期提出的思想，目的是提高资源利用率、降低能耗，减少向大气、水和土壤环境排放废物，减少填埋量，以及减少有害物质的形成和在产品中的含量。

为了适应这一发展趋势，人们发展了不少先进的化工分离技术和新化学合成反应-分离集成技术，如：酶膜反应器、分子蒸馏技术、分子印迹技术、仿生催化技术、外场分离技术、动态反应操作技术、超临界流体反应（分离）技术、电渗析技术及其相关组合分离（集成）技术等。主要目的是实现过程的强化、集成和绿色化。如果从过程的综合效应（如放大效应、能耗等）来看，电渗析技术是一种最简单的反应-分离技术，是化学工程学科发展的新的增长点。其应用涉及食品加工、化学品合成、医药生产和环境保护等方面。电渗析技术包括普通电渗析技术和双极膜电渗析技术。实际上，电渗析在化工操作中可以灵活地集成，既可以在反应后进行分离，也可以在反应的同时进行分离。

本章选择关乎国计民生而又污染严重的有机酸发酵生产行业作为技术应用领域。从可持续发展和人类健康角度来考虑，发酵相对于其他生产途径（如化学合成等）是有机酸生产的优选途径。首先，发酵使用可再生资源（如青贮、谷物、糖浆、乳清等）作为原料，不仅原料供应可以得到确实保证，而且可以实现生物圈内的资源循环利用。其次，发酵产物一般具有较高的安全性，这一点对人类健康非常重要。再次，有些有机酸不应该或者很难用化学方法进行合成。以乳酸为例，选择合适的乳酸发酵菌种会生产出具有单一特定结构而且纯度较高的乳酸——L-乳酸或者 D-乳酸。在化学合成过程中，最终乳酸产品是这两种具有不同旋光性的乳酸的混合物（L-和 D-乳酸）。D-乳酸或者 DL-乳酸对人体是有害的，过度食入会导致代谢紊乱。

不论是发酵还是化学合成，分离、浓缩和纯化都是生产过程中必不可少的步骤。发酵液中成分较多，所以后处理相对要复杂一些。传统的后处理技术包括沉淀、酸化、萃取、结晶、蒸馏、离子交换和吸附，不过这样的操作已经不能适应现代化工生产的发展要求。这些操作的弊端主要表现在：沉淀和酸化会产生大量的硫酸钙沉淀而难以处理；结晶过程产率低、成本高而且有废物排放；直接蒸馏能耗较高，而且会导致某些产品的变质（如乳酸的高温聚合）；离子交换过程的树脂再生要消耗大量的酸、碱和水，而且还会产生盐污染；吸附剂的寿命短、处理量低而且还要过滤后处理。所以，有机酸的生产和下游处理亟待开发具有更高经济和环境效益的技术。

此综合化学工程实验以乳酸的生物发酵及产品分离（其中包括：生物发酵生产乳酸盐、发酵液的超滤和螯合离子交换树脂预处理、普通电渗析对乳酸盐进行浓缩及双极膜电渗析将乳酸盐转化生产乳酸产品等）为对象，开设相应的电渗析技术和传统单元操作相结合的集成分离和反应技术综合实验。该实验的开设目的是使学生改变传统的化学反应观念，激发对新型化工的学习兴趣，培养原创思想，提高学生的科研素质。开设的内容既体现出国家当前对有机酸生产行业可持续发展的迫切要求，又体现了化工学科发展的新方向。通过此次实验的开展，能大大增强学生解决实际技术问题的能力，增强感性认识，便于今后将所学的知识更好地应用于实际生产。

该综合实验由六个独立实验组成（表 4.0.1），各个独立实验的目的、原理和操作细则在后面逐一进行阐述。

表 4.0.1 六个独立实验

编 号	实验项目名称	实验内容
1	乳酸发酵	利用葡萄糖发酵生产乳酸盐，掌握菌种的接种培养、发酵过程控制等操作
2	乳酸发酵液的超滤实验	利用超滤对发酵液进行初步预处理，筛分出大粒径物质，掌握超滤设备的操作和清洗维护
3	乳酸发酵液的螯合树脂离子交换实验	利用螯合树脂离子交换脱除发酵液中多价离子，掌握离子交换柱的简易制作方法和螯合树脂离子交换的操作技巧
4	普通电渗析浓缩乳酸盐	利用普通电渗析对发酵液中的乳酸盐进行浓缩，掌握装置的搭建、运行操作和维护
5	双极膜电渗析制备乳酸	利用双极膜电渗析将乳酸盐酸化制得乳酸，同时生产 NaOH。掌握此过程的原理、装置的搭建、运行操作和维护
6	发酵过程与双极膜电渗析的集成操作	利用双极膜电渗析产生的 NaOH 原位用于发酵过程中 pH 的调节。掌握此过程的原理，清楚装置的搭建和两个过程的集成操作

实验一　乳 酸 发 酵

一、实验目的

(1) 了解乳酸的结构、用途和市场前景。

(2) 掌握发酵法生产乳酸的操作流程。

(3) 增强可持续发展意识,树立在工业生产中践行节能减排的思想。

二、实验原理

乳酸(lactic acid),即 α -羟基丙酸,分子式为 C_2H_5OCOOH,能与水互溶,较难结晶析出,商品乳酸通常为60%溶液。乳酸有两种光学异构体,即 L -乳酸和 D -乳酸(结构如图 4.1.1 所示),前者具有重要的生物医药价值,而后者或者两种异构体的混合物对人体有害,过度摄入会导致人体代谢紊乱。

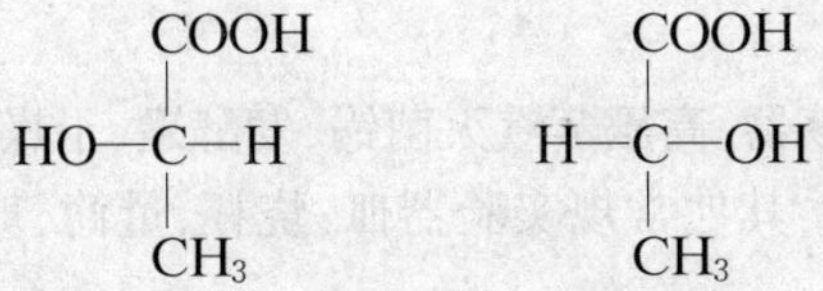

```
        COOH                COOH
         |                   |
    HO—C—H              H—C—OH
         |                   |
        CH3                 CH3
```

图 4.1.1　L -乳酸和 D -乳酸的结构

乳酸的应用广泛,其一,可以作为酸味剂,其酸性柔和且稳定,可以取代柠檬酸作酸味剂,也可以取代磷酸来调节啤酒麦芽汁的 pH;其二,可以作为防腐剂和医疗消毒剂,特别是 L -乳酸,杀菌力强,0.1%的乳酸可以在 3 h 内将大肠杆菌、霍乱菌、伤寒菌全部杀死,其杀菌能力是柠檬酸、酒石酸、琥珀酸的几倍;其三,可以作为还原剂;其四,可以用于饮料、糖果、糕点、肉和蔬菜的保藏;其五,可以作为医药原料,用于生产金属元素补充剂,例如 L -乳酸铁(治疗贫血)、L -乳酸钠(增塑剂、吸湿剂)、L -乳酸钙(良好的钙源)。当然,乳酸还可以用于烟草加湿、制革脱石灰、增加纤维着色性和柔化触感,以及用作饲料、肥料和养殖的消毒剂。特别值得一提的是聚乳酸塑料制品,这种材料具有很好的生物相容性,可以用于生产缓释胶囊、生物降解薄膜、保鲜膜、涂层、无纺组织、手术缝合线、骨折修复用的骨片、人造皮肤、儿童玩具等。

乳酸主要通过发酵法和化学合成法生产,发酵法采用天然原料,是乳酸生产的主要方法,具有较大的市场和较强的竞争力。发酵法的关键是菌种的选择,用于发酵生产乳酸的菌种主要有细菌和根霉。考虑材料安全性,L -乳酸一般使用发酵法进行生产,例如采用米根霉直接利用淀粉发酵,或者对于糖质原料和短链糊精采用德式乳杆菌进行同型发酵(经丙酮酸转化为乳酸),或利用某些乳酸菌进行异型发酵(经 3 -磷酸甘油醛转化为乳酸),或利用双歧杆菌。

乳酸的发酵形式有三种。

1. 同型乳酸发酵

$$葡萄糖 \xrightarrow[2(ADP+Pi)]{EMP途径} 2丙酮酸 \xrightarrow[ANDH+H]{乳酸脱氢酶} 2乳酸+2ATP$$

2. 异型乳酸发酵

葡萄糖 ⟶ 6-磷酸葡萄糖酸 ⟶ 5-磷酸木酮糖 —磷酸酮解酶→ 乙酰磷酸 ⟶ 乙醇；3-磷酸甘油醛 → 丙酮酸 ⟶ 乳酸

3. 双歧乳酸发酵

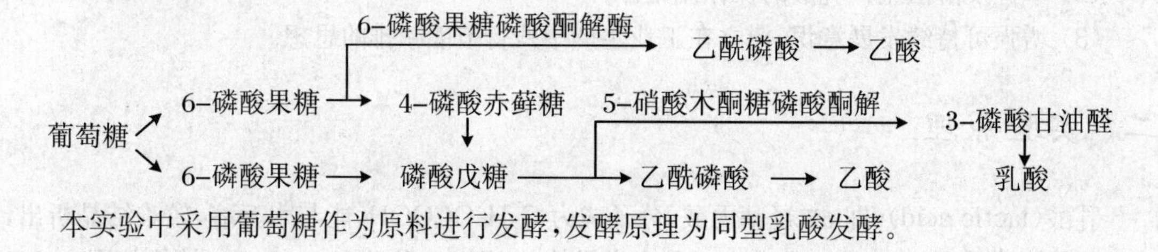

本实验中采用葡萄糖作为原料进行发酵，发酵原理为同型乳酸发酵。

三、实验仪器和试剂

1. 实验仪器

实验中主要用到恒温振荡器、高压蒸汽灭菌锅、发酵罐、干燥箱、电子天平、pH 计、生物传感分析仪、分光光度计、冰柜。其他常规实验器皿：烧杯、量筒、玻璃棒、酒精灯、接种环、培养皿、移液管等。

2. 实验试剂

无水乙醇、氢氧化钠。

① 乳酸发酵菌种：植物乳杆菌。

② 发酵培养基每升含：蛋白胨 10 g；牛肉膏 10 g；酵母粉 5 g；葡萄糖 50 g；乙酸钠 2 g；柠檬酸二胺 2 g；吐温-80 1 g；磷酸氢二钾 2 g；七水硫酸镁 0.2 g；一水硫酸锰 0.05 g。在配制固体培养基时，每升培养基还需另加入：碳酸钙 20 g；琼脂 15 g。在配制种子培养基时，每升培养基需另加入：碳酸钙 20 g。每次配制好培养基后，都要将培养基的 pH 调节到 6.8。

③ 其他：无水乙醇和氢氧化钠。

四、实验步骤

(1) 种子培养基的培养。配制一定量的种子培养基，并在高压蒸汽灭菌锅中灭菌。灭菌条件为：121 ℃，20 min。待培养基冷却至室温后，取新鲜斜面菌种一环，接入种子培养基中，在转速为 150 $r \cdot min^{-1}$的摇床中培养 24 h，温度恒定在 37 ℃。

(2) 发酵罐灭菌。将配制好的发酵培养基加入到发酵罐中，体积不要超过发酵罐总体积的 2/3。然后将发酵罐和培养基一起放入灭菌锅中进行灭菌。

(3) 接种操作。火焰接种法:先用医用酒精擦拭接种口;火圈中加入酒精,点燃后套在接种口上;关小空气进气阀,调节进风,降低罐压,打开接种口盖;在火焰范围内打开种子培养基的瓶塞,在火焰上烧灼几秒钟后,再迅速将种子液倒入发酵罐中;在火焰上烧灼接种口盖子数秒后,迅速盖好接种口盖,调节空气进气阀到正常通气量。

(4) 发酵培养。接种结束后,对发酵培养过程的各项参数进行设定,开始培养。发酵过程中要打开冷凝器水阀。

具体操作参数:转速 150 $r \cdot min^{-1}$;温度 37 ℃;pH 只进行监测;曝气量:接种前设定在 60 $L \cdot h^{-1}$,接种完毕后关闭曝气。

(5) 取样操作。在发酵过程中,取样口处的软管用夹子夹死。取样时,先打开夹子,放掉一点管内的发酵液,然后再取样。取样完毕后,再把夹子夹死。

(6) 发酵结束处理。发酵结束时,应及时加入 $NaHCO_3$,使 pH 升高到 10 左右。同时升高温度至 90 ℃,使菌体和其他悬浮物下沉。发酵原液澄清后,将上清液收集到塑料桶中,放入冰柜中保存,用于下一步的提纯。发酵原液的沉淀物收集并集中处理。

五、实验注意事项

在利用发酵罐控制主机进行发酵液 pH 的调节时,要控制它的碱液添加速度,以便碱液与发酵液充分混合反应,确保发酵液的 pH 不被调节得过高而影响微生物的生长。

六、实验结果与分析

(1) 在发酵过程中,残留的葡萄糖含量和生物量是产酸的两个重要指标,要求至少每 4 h 测量一次葡萄糖含量和生物量,同时记录发酵过程的 pH 和温度。并记录在表 4.1.1 中。

表 4.1.1　数据记录

时　间(h)	温　度	pH	溶氧浓度	葡萄糖	乳　酸	生物量
0						
4						
8						
12						
16						
20						
24						
⋮						

（2）葡萄糖、乳酸的测量。

发酵过程中，要间断地取样进行监测。培养基中的葡萄糖和生成的乳酸含量可以通过生物传感分析仪进行测量。样品按照分析仪的操作使用说明进行稀释。使用方法见纳滤法分离糖和盐水溶盐水溶液实验的附录。

（3）生物量的测量。

发酵过程中，乳酸菌的生长情况要及时监测、测量。取样后，将样品用 0.3 $mol \cdot L^{-1}$的稀盐酸溶液进行稀释，目的是去除一些沉淀性盐的影响。使用紫外-可见分光光度仪在波长为 600 nm 处，测量吸光度。

七、思考题

（1）为什么发酵过程中要控制发酵液的 pH?

（2）除了碳酸钙还可以加哪些物质控制发酵液的 pH?

实验二 乳酸发酵液的超滤实验

一、实验目的

（1）了解压力驱动膜的结构、种类及应用范围。

（2）了解影响膜分离效果的因素，包括膜材质、压力和流量等。

（3）掌握超滤的操作流程。

（4）研究乳酸发酵液的超滤预处理最佳条件。

二、实验原理

膜分离是以对组分具有选择性透过功能的膜为分离介质，通过在膜两侧施加（或存在）一种或多种推动力，使原料中的某组分选择性地优先透过膜，从而达到混合物的分离，并实现产物的提取、浓缩、纯化等目的的一种新型分离过程。其推动力可以为压力差（也称跨膜压差）、浓度差、电位差、温度差等。膜分离过程有多种，不同的过程所采用的膜及施加的推动力不同，通常称进料液流侧为膜上游，透过液流侧为膜下游。

压力驱动膜一般包括微滤（microfiltration，简称 MF）、超滤（ultrafiltration，简称 UF）和反渗透（reverse osmosis，简称 RO），这三种膜分离过程的主要特征见表 4.2.1。

表 4.2.1　三种膜分离过程的主要特征

过程名称	推动力	传递原理	膜类型	截留组分	透过组分
微滤	压力差 ~100 kPa	筛分	多孔膜	20~10 000 nm 粒子	溶液/气体
超滤	压力差 <1 000 kPa	筛分	非对称膜	1~20 nm 大分子溶质	小分子溶液
反渗透	压力差 <10 000 kPa	优先吸附、毛细管 流动、溶解扩散	非对称膜 或复合膜	0.1~1 nm 小分子溶质	溶剂/可被电 渗析截留组分

微滤、超滤和反渗透都是在膜两侧静压差推动力作用下进行液体混合物分离的膜过程，三者组成了一个从可分离固态微粒到离子的三级膜分离过程。膜过滤过程图谱如图 4.2.1 所示。

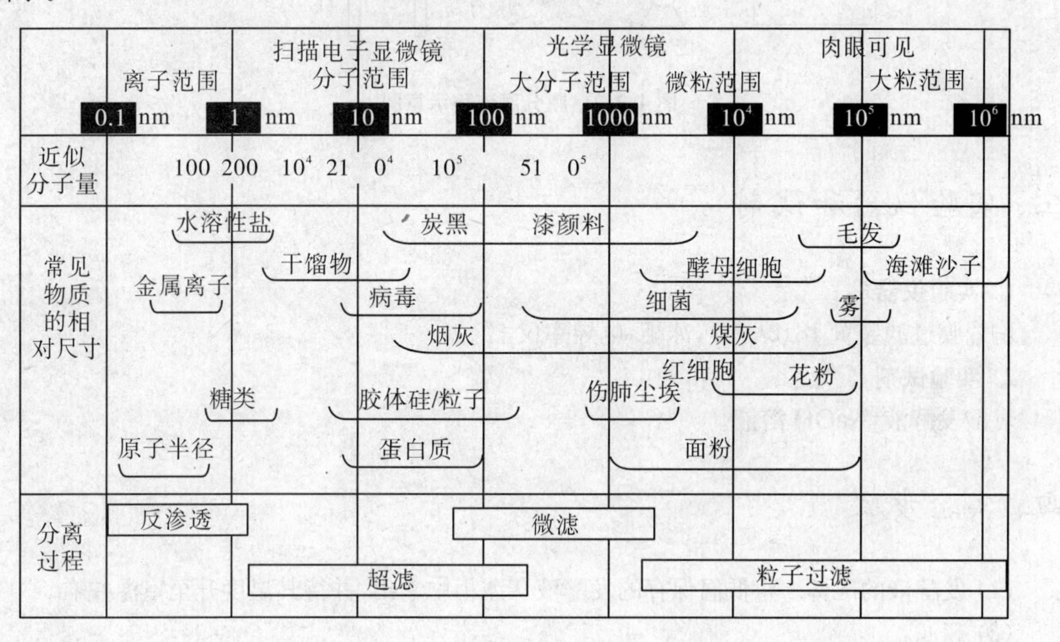

图 4.2.1　压力驱动型膜分离过程图谱

微滤过程中，被膜所截留的通常是颗粒性杂质，可将沉积在膜表明上的颗粒层视为滤饼层，则其实质与常规过滤过程近似。本实验中，以含颗粒的混浊液或悬浮液，经压差推动通过微滤膜组件，改变不同的料液流量，来观察透过液侧清液情况。

对于超滤，筛分理论被广泛用来分析其分离机理。该理论认为，膜表面具有无数个微孔，这些实际存在的不同孔径的孔眼像筛子一样，截留住分子直径大于孔径的溶质和颗粒，从而达到分离的目的。应当指出的是，在有些情况下，孔径大小是物料分离的决定因素；但对另一些情况，膜材料表面的化学特性却起到了决定性的截留作用。如有些膜的孔径既比溶剂分子大，又比溶质分子大，本不应具有截留功能，但令人意外的是，它却仍具有明显的分离效果。由此可见，膜的孔径大小和膜表面的化学性质将分别起着不同的截留作用。

发酵液中含有有机酸盐、无机盐、菌丝体、蛋白质、脂肪和糖类等等，因此在发酵液预处理时，采用超滤通过筛分原理将大部分菌丝体、蛋白质、脂肪和糖类截留，而得到的透过液则含有机酸盐（主要为乳酸盐）和无机盐类物质。

利用膜分离对发酵液进行预处理的操作流程图见图 4.2.2 所示。

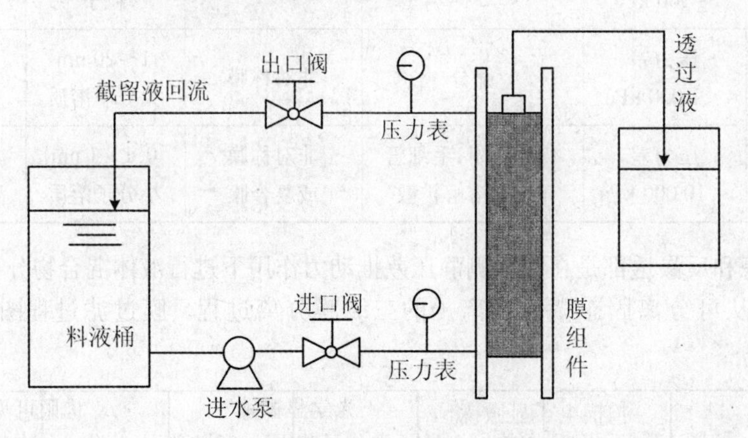

图 4.2.2 膜分离流程示意图

三、实验仪器和试剂

1. 实验仪器

陶瓷膜过滤装置 1812 一台，冰柜，电导率仪。

2. 实验试剂

乳酸发酵液，NaOH 溶液。

四、实验步骤

(1) 发酵液的准备。将低温保存的发酵液从冰柜中拿出，并待其温度升至室温左右。

(2) 超滤：

① 关闭进口阀，向料液桶中加入乳酸发酵液（液位要高于泵体，并且保证足够整个系统循环），打开泵的排气孔，排尽泵内部的空气后，再拧紧。

② 合上电源，启动泵，打开出口阀，并半开进口阀，然后从小到大不断关闭出口阀，使出口压力表的读数为 0.4 MPa，记下通量。并分别测定料液、超滤液、截留液中乳酸的含量。

③ 测定完毕后，先打开出口阀，再关上进口阀，停止进料泵。

(3) 超滤设备的清洗。实验结束后，组件要进行清洗，清洗时，进口压力在 0.2 MPa，使清洗泵在系统内循环，清洗程序如下。

① 用热自来水（40 ℃）清洗一遍。

② 用 $0.1\ mol \cdot L^{-1}$ 的 NaOH 溶液清洗一遍。

③ 用热自来水（40 ℃）再清洗一遍。

④ 最后用室温下的自来水清洗一遍(每换一次洗液,都要重复步骤(2)中的①~③的步骤)。

(4) 将超滤后的发酵液用灭过菌的塑料桶收集,并放在冰柜中低温保存。

五、实验注意事项

(1) 在实验过程中,进料槽内的液体不能降低到进料泵会吸入空气的水平高度,吸入空气会使泵及膜受到损坏。

(2) 所使用的压力不能超过表的读数范围,应控制在 0.6 MPa 以内。

(3) 应遵循:开时,先开电源,再开进口阀;关时,先关进口阀,再关电源的原则。

六、实验结果与分析

实验测得数据参考表 4.2.2 进行记录。

表 4.2.2　数据记录与处理

料　液	实验序号	进口压力	出口压力	平均压力	透过液通量	透过液电导率	截留液电导率
发酵液	1						
	2						
	3						

七、思考题

(1) 超滤适合分离煤灰吗?

(2) 生活污水通过超滤后可以引用吗?可以通过超滤实现自来水的灭菌吗?

(3) 试列举一些实际生活中与过滤有关的实例。

实验三　乳酸发酵液的螯合树脂离子交换实验

一、实验目的

(1) 了解多价阳离子对膜造成的污染。

(2) 掌握螯合树脂离子交换的操作流程。

（3）研究离子交换脱除乳酸发酵液中多价阳离子的最佳条件。

二、实验原理

不论压力驱动膜还是电驱动膜，膜污染都是普遍存在而又不能忽视的问题，因为它不仅影响膜系统的运行效率，而且还影响系统的稳定性。对于电驱动膜过程来说，膜污染主要有三类，其一是结垢类，如 $CaCO_3$，$CaSO_4 \cdot 2H_2O$，$Ca(OH)_2$，$Mg(OH)_2$，$BaSO_4$，$SrSO_4$ 等；其二是胶体类，如 SiO_2，$Fe(OH)_3$，$Al(OH)_3$，$Cr(OH)_3$ 等；其三是有机类，如蛋白质、乳清、聚电解质、腐殖质、SDS、海藻酸钠、类胡萝卜素等。对于结垢类污染物，可以通过调节 pH 或者加柠檬酸或 EDTA 进行清洗；对于胶体类污染物，可以通过微滤或超滤预处理进行去除；对于有机类污染物，可以通过微滤或者超滤，或者活性炭等预处理进行去除，或者采用 NaOH 进行清洗。

对膜污染的治理策略，防患于未然最为可取，因为如果一旦形成污染层，那么膜的清洗不仅不彻底，而且长期清洗还会导致膜的损伤。对于大粒径污染物，超滤具有很好的截留效果，但是对于多价离子（如 Ca^{2+}，Mg^{2+} 等）的脱除就显得无能为力。这种情况下一般采用螯合树脂离子交换技术进行多价离子的去除。在应用双极膜电渗析时，国际惯例就明确规定多价离子的总量在 1～5 ppm，因此采用这种螯合树脂离子交换技术进行预处理就显得十分必要。

螯合树脂去除多价离子的原理建立在螯合树脂对离子的选择性上，也就是说螯合树脂对多价离子的结合能力强于对一价离子的结合能力。以含有氨基膦酸基团的螯合树脂 Duolite C467 为例，其钙钠选择性系数 $K_{Ca/Na}$ 可以达到 166。

三、实验仪器和试剂

1. 实验仪器

离子交换柱、自动滴定仪、酸式滴定管、钢钎、冰柜。

2. 实验试剂

超滤后的发酵液、螯合树脂、Ca^{2+} 和 Mg^{2+} 测定所需的试剂（EDTA、钙指示剂、铬黑 T）、去离子水。

四、实验步骤

（1）发酵液的解冻。将低温保存的发酵液从冰柜中拿出，于室温下解冻。

（2）离子交换柱的制作：

① 将 Na^+ 型螯合树脂填充到酸式滴定管中，具体体积约为酸式滴定管总体积的 2/3～3/4。

② 关闭酸式滴定管阀门，倒入适量的去离子水，使去离子水略淹没离子交换树脂。如果阀门附近的树脂之间有气泡，就采用放流方式排除气泡；如果中上部树脂间有气泡，则用钢钎插入树脂中，将气泡赶出。总之，确保流体通过树脂时均匀而顺畅。

（3）离子交换：

① 将 20 mL 发酵液分次倒入酸式滴定管上端，同时调节酸式滴定管阀门的开合程度，使

得发酵液缓慢通过离子交换树脂,总过程约 20 min。

② 等交换完毕后,取适量去离子水洗涤离子交换树脂(每次 20 mL,共 3 次),将洗涤液与交换后的发酵液收集在一起,并量取总体积。

(4) 钙、镁的测定。取适量的发酵液和交换后的发酵液,分别测定 Ca^{2+},Mg^{2+} 浓度,计算实验前后 Ca^{2+},Mg^{2+} 的去除率。

(5) 将离子交换后的发酵液放入冰柜,低温保存。

五、实验结果与分析

见表 4.3.1。

表 4.3.1　数据记录

实验序号	待测样品	体　积(mL)	Ca^{2+} 浓度($mol \cdot L^{-1}$)	Mg^{2+} 浓度($mol \cdot L^{-1}$)	Ca^{2+} 去除率(%)	Mg^{2+} 去除率(%)
1	发酵液					
	交换液					
2	发酵液					
	交换液					

六、思考题

(1) 在结垢的电驱动膜污染层中除了含有 $Ca(OH)_2$ 以外,还含有 $CaCO_3$,请问碳酸根的主要来源是什么?

(2) 对于饱和的螯合树脂,需要哪种试剂进行再生? 并阐述其机理。

实验四　普通电渗析浓缩乳酸盐

一、实验目的

(1) 了解普通电渗析进行浓缩-淡化的基本原理。

(2) 掌握普通电渗析操作的基本流程。

(3) 研究普通电渗析浓缩乳酸盐的最佳条件。

二、实验原理

电渗析是指在直流电场中将阴离子交换膜、阳离子交换膜、双极膜等按设定次序排列用以实现反应、分离的技术。电渗析的种类包括普通电渗析、电复分解、电离子注射萃取、电解电渗析、双极膜电渗析等，其功能包括电解质溶液的浓缩和/或淡化、酸碱生产或再生、无机/有机合成、酸化和/或碱化等等。除了自身众多功能外，电渗析由于其集成性优异，因此还可以和传统化工单元操作或者其他膜技术组合发展成高效集成分离或反应技术，可以用于超纯水的制备（离子交换树脂填充床电渗析＋砂滤＋微滤＋超滤＋纳滤＋反渗透）、海水提钾提碘（电渗析＋沸石吸附）、Co/Ni 分离富集（电渗析＋络合）、有机酸发酵液在线提取（电渗析＋萃取＋反萃）、蛋白质分离（电渗析＋超滤）、气体净化（电渗析＋吸收＋气提）等等。

在本实验中采用的电渗析技术是普通电渗析，其中用到的离子交换膜有阴离子交换膜和阳离子交换膜。在此电渗析装置中，除了离子交换膜外还有以下主要组成部分。

1. 锁紧框

为了便于组装和拆卸，在一台电渗析器中，在电极之间最多可排列 2 000 对膜。膜排列又被分成若干个由 50～400 对膜组成的膜堆。锁紧框由膜堆的两端上面的栓固定住。锁紧框通常作为进料框，这样淡化液和浓缩液从与每个膜堆结合在一起的进料框给入到每一个隔板室中。锁紧框的材料可以从聚氯乙烯、聚丙烯和橡胶衬里的铁中选择。

2. 进料框

为了进料，将进料框结合到每一个淡化室和浓缩室中。在隔板孔的相应位置将进料框开布水孔，通常将溶液通过布水孔给入到每个膜堆，但是有时可以给入到每一个多数膜堆中。

3. 隔板

通用的隔板形状如图 4.4.1 所示。将溶液从位于底部的入口集水孔给入，通过布水槽并进入到电流通过区，然后，溶液会通过出口布水槽排出到配置在头部的集水孔。隔板有下列功能：① 防止溶液从电渗析器的内部泄漏到外部；② 调节阳离子交换膜和阴离子交换膜之间的距离；③ 防止布水槽截面处发生淡化室和浓缩室之间的漏液。为了防止漏液，希望采用软材料作为隔板。另一方面，希望采用硬的和稳定的材料以避免在长期运行过程中尺寸改变。可从橡胶、乙烯-醋酸乙烯酯共聚物、聚氯乙烯、聚乙烯等材料中选择隔板材料。隔板的厚度在 0.5～2.0 mm 范围内。

4. 隔网

隔网的作用是为了保持膜间的距离。此外，由于溶液的湍流，隔网可提高极限电流密度。选择隔网时应考虑以下几点：① 低的摩擦压头损失；② 低的电流屏蔽效应；③ 易于排出空气；④ 不易由于悬浮在料液中的细粒子沉淀而造成液流堵塞。隔网的结构有很多种：① 发泡聚氯乙烯（PVC）网；② 波纹多孔板；③ 对角网；④ Mikosiro 编织网；⑤ 蜂窝网。

5. 电极和极室

在电渗析器的两端要放置电极，并形成相应的极室（阳极室和阴极室）。电极的作用就是提供一个贯穿整个膜堆的电场。电极的材料有很多种：钛涂辽、钛涂铂、石墨、磁铁矿石、不锈钢或者铁等。可将电极的形状分成网状、条状和平板状。在极室和膜堆之间插入隔离板以防止溶液的混合。在阳极室,氧化性物质如氯气逸出。离子交换膜与氧化性物质接触很容易受到伤害。这样,需要应用两块隔离板并在两隔离板之间设置一个缓冲室。隔离板材料是离子交换膜、石棉片或蓄电池纸。将酸液加入阴极液中且电渗析器在控制阴极液的 pH 条件下运行以防止氢氧化镁在阴极室内沉淀。将料液或浓缩液给入电极室。在被排出的溶液中加入亚硫酸钠或硫代硫酸钠,可降低阳极液中的氧化性物质的浓度。有时,将硫酸钠溶液加到阳极室和阴极室中,借助两室流出液的混合以达到中和的目的。

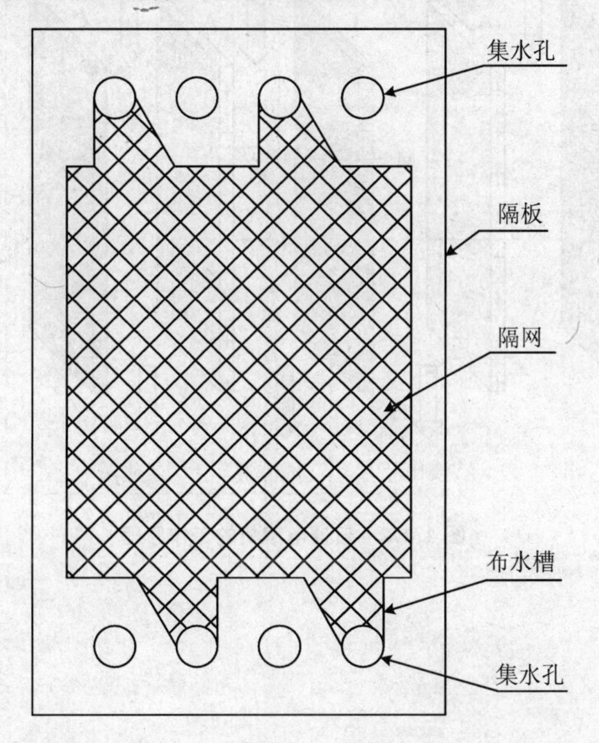

图 4.4.1　隔板形状示意图

对于普通电渗析,它的典型用途是盐溶液的浓缩-淡化,在实际生产中用得最多的就是海水、苦卤水或卤水的淡化和提盐。普通电渗析的工作原理如图 4.4.2 所示,高盐度水进入阴离子交换膜(A)和阳离子交换膜(C)之间的隔室,在电场作用下,盐阳离子(M^+)和盐阴离子(X^-)分别通过阳离子交换膜和阴离子交换膜迁移出隔室,从而高盐度水得以脱盐淡化,而在其毗邻隔室的盐得以浓缩。

三、实验仪器和试剂

1. 实验仪器

生物传感分析仪;直流稳压电源;明道式电渗析膜堆一套(单片膜有效面积 7 cm^2),外配 1 000 mL烧杯 4 只,长度约为 0.5 m 的硅胶管 8 根;小潜水泵 4 个;冰柜。

2. 实验试剂

预处理后的发酵液 500 mL。

极水：0.3 mol·L^{-1}的Na_2SO_4溶液 1 000 mL(阴极室和阳极室各 500 mL)。

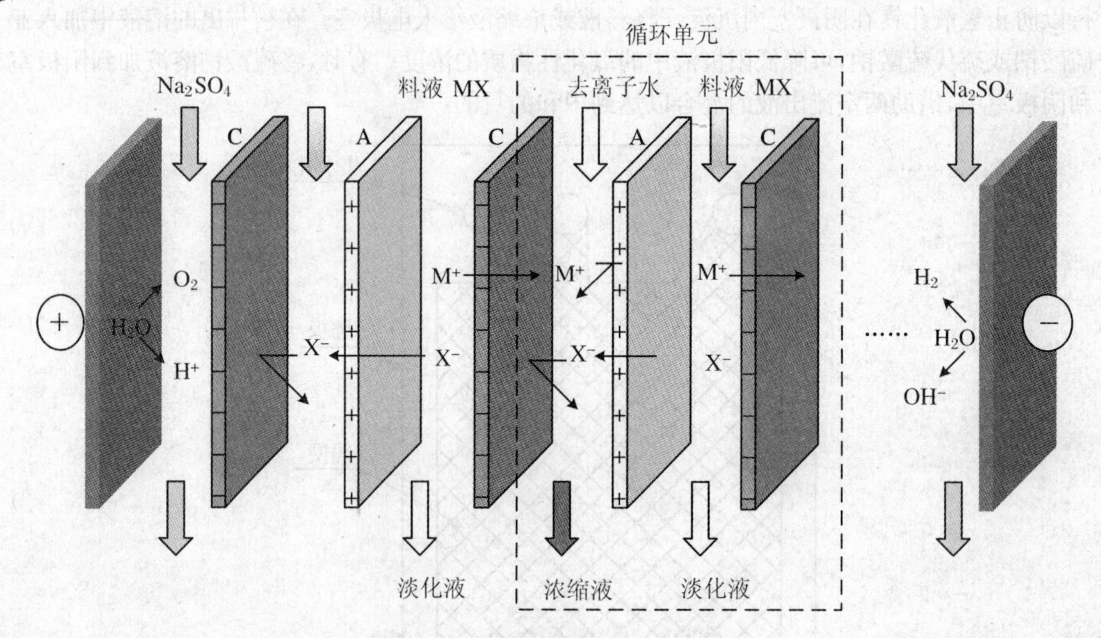

图 4.4.2 普通电渗析的工作原理

四、实验步骤

(1) 组装膜堆。

参照普通电渗析工作原理图(图 4.4.2)，并按照“阳极板—隔板—阳膜—隔板—阴膜—隔板—阳膜—阴极板”的顺序组装膜堆。组装好后，用长杆螺钉压紧并锁紧膜堆。为了确保装置的严密性，请确保隔板之间的垫圈厚度超过垫圈槽。螺钉一共 6 根，用于装置压紧时请注意均匀、对称地用力，防止装置变形或脆断。

(2) 连接外围设备。

将隔板上的相应出口分别连接上出水管和进水管，再将进水管与外置烧杯中的潜水泵出口连接，而出水管的出口端接入此烧杯中，确保循环通路的畅通。

(3) 注入料液和极水。

在 C－A 间的隔室(浓缩室)中注入去离子水，在 A－C 间的隔室(淡化室)中注入预处理后的发酵液，在极室注入极水，保证料液淹没潜水泵。

(4) 通电操作。

先启动潜水泵，确保各隔室充满液体，并循环 15～20 min 将隔室中的气泡排尽。再将直流电源的正极和负极分别与膜堆的阳极引线和阴极引线连接，通电后该套电渗析装置即开始工作，采用恒电压(如 30 V)操作模式，利用电导率仪检测淡化室溶液的电导。

(5) 停止操作。

当淡化室溶液的电导低于 0.9 ms·cm^{-1}时,结束实验,先关闭直流稳压电源,再停止潜水泵。并对电渗析的各个隔室用去离子水清洗 3 遍。

(6) 将浓缩液放入冰柜,低温保存。

五、实验注意事项

如果装置发生泄漏,请进一步压紧装置;如果情况得不到改善,请将装置拆卸、查找原因(或更换垫圈,或增加垫圈厚度等)。实验完毕后,请将隔室、烧杯和潜水泵内的料液或电解质溶液清洗干净。若长期不用,请将装置拆卸还原,并确保各组件的干燥和清洁。

六、实验结果与分析

(1) 实验数据参考表 4.4.1 进行记录。

表 4.4.1　数据记录与处理

时　间(min)	0	5	10	15	20	25	35	40	45	…
电压(V)										
电流(A)										
淡化室乳酸盐浓度(mg·L^{-1})										
浓缩室乳酸盐浓度(mg·L^{-1})										

(2) 根据以上数据绘制电流-时间关系图以及淡化室、浓缩室乳酸盐浓度-时间关系图。

(3) 根据下面的公式计算电渗析的脱盐率(R)和电流效率(η)。

脱盐率(R)计算公式:

$$R = \frac{C_0 - C_t}{C_0} \times 100\%$$

式中:R—脱盐率,%;

C_0, C_t—淡化室中乳酸盐在通电时间为 0 和 t 时的浓度,mg·L^{-1}。

电流效率(η)的计算公式:

$$\eta = \frac{zVF(C_0 - C_t)}{It} \times 100\%$$

式中:z—计算电流效率基准物的化合价(此值为绝对值。此实验中,计算基准物为乳酸盐,乳酸根离子的化合价为 -1,故 $z=1$);

V—淡化室溶液体积;

F—法拉第常数;

C_0, C_t—淡化室中乳酸盐在通电时间为 0 和 t 时的浓度,mol·L^{-1};

I—操作电流;

t—操作时间。

注　计算过程中注意各个变量的单位转换及统一。

七、思考题

(1) 为什么电渗析在通电初始阶段电流强度很低？有什么改善措施？

(2) 在不改变产品纯度的前提下，如何提高电渗析的电流强度？

(3) 电流效率是评估一个电渗析过程的重要参数。试简述电流效率所代表的含义与计算方法。

实验五　双极膜电渗析制备乳酸

一、实验目的

(1) 了解双极膜电渗析产酸产碱的基本原理。

(2) 掌握双极膜电渗析操作的基本流程。

(3) 研究双极膜电渗析转化乳酸的最佳条件。

二、实验原理

双极膜是一种新型离子交换复合膜，它通常由阳离子交换层和阴离子交换层复合而成。它的典型功能就是在反向偏压下产生水解离(图 4.5.1)，从而产生 H^+ 和 OH^- 离子，而不像水电解反应产生气体。在反向偏压作用开始后，双极膜界面预先吸附的阳离子会透过阳膜层到达阴极，而吸附的阴离子则会通过阴膜层到达阳极，结果就是双极膜界面部分电解质浓度会降

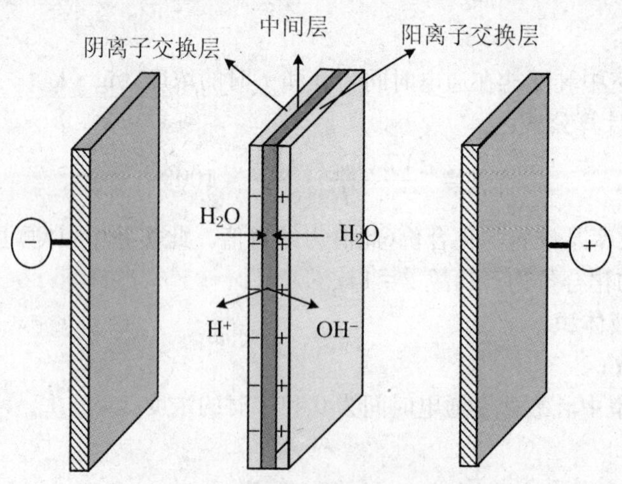

图 4.5.1　双极膜电渗析原理示意图

低，膜的电阻增大。当电压足够大时，因电迁移从界面迁出的离子会比因扩散从外相溶液中进入界面层的离子多，会使界面层的离子耗尽，发生水的解离，使溶液的 pH 发生变化。

可以在一对电极中间组合上至百对的双极膜同时进行水解离，不仅设备占地小、重量轻而且能耗低，更重要的是它可以和中和反应共轭。作为一种新型的膜过程，双极膜及其水解离技术，在化工生产、环境保护、生物技术、食品工业等领域中发挥巨大的作用。不过，由于高性能双极膜和阴阳离子交换膜的短缺，多数应用现在还处于小试或中试的水平(表 4.5.1)。

表 4.5.1　双极膜应用

应　用	应用规模	潜在优势	应用相关问题
从对应的盐制备无机酸和碱	中试	能耗低	膜选择透过性差导致产品污染和电流效率降低
从发酵液中回收有机酸	工业化和中试	过程集成性高、操作简单、成本较低	膜的稳定性不理想、膜污染严重
化工和生物化工过程或反渗透料液的 pH 控制	小试	副产物较少、试剂用量少、盐产生量和处理量少	应用经验缺乏、过程成本高
排烟烟气脱除 SO_2	较大规模的中试	盐产生量减少、盐处理成本降低	投资成本高、膜的长期稳定性不佳
从人造丝生产等废水中回收和循环利用 H_2SO_4 和 NaOH	小试、中试、部分工业化	回收产品纯度没有严格要求、节省了试剂用量和污泥处理费用	无长期运行经验、投资成本高、在运行条件下膜的稳定性不佳、膜污染存在
钢材浸洗废液中回收 HF 和 HNO_3	工业化	酸得以回收、盐处理量减少、成本降低	过程相对复杂、投资成本高
离子交换树脂再生	中试	盐处理量减少	投资成本高
电去离子化生产超纯水	小试	对弱酸和弱碱的去除效果好	无长期运行经验
从甲醇生产甲醇钠	小试	比常规方法更经济	无长期运行经验
能量储存和转化	理论探讨	有经济竞争优势	未实验验证

双极膜电渗析就是基于双极膜特有水解离现象和普通电渗析的原理发展起来的，它是以双极膜代替普通电渗析的部分阴、阳膜或者在普通电渗析的阴、阳膜之间加上双极膜构成的。双极膜电渗析的最基本应用是在反向偏向电压下产生水解离生成 H^+ 和 OH^- 离子，分别和盐阴离子(X^-)、盐阳离子(M^+)结合生产酸(HX)和碱(MOH)，如图 4.5.2 所示。从而实现从盐溶液制备相应的酸和碱。双极膜电渗析转化乳酸盐的原理也如图 4.5.2 所示。

三、实验仪器和试剂

1. 实验仪器

气相色谱，直流稳压电源；明道式电渗析膜堆一套，外配 1 000 mL 的烧杯 5 只，硅胶管 10

根;小型潜水泵 5 个。

2. 实验试剂

发酵液 500 mL;电极室用水:0.3 mol · L^{-1}的 $NaSO_4$ 溶液,1 000 mL(阴极室和阳极室各 500 mL)。酸室和碱室为:蒸馏水。

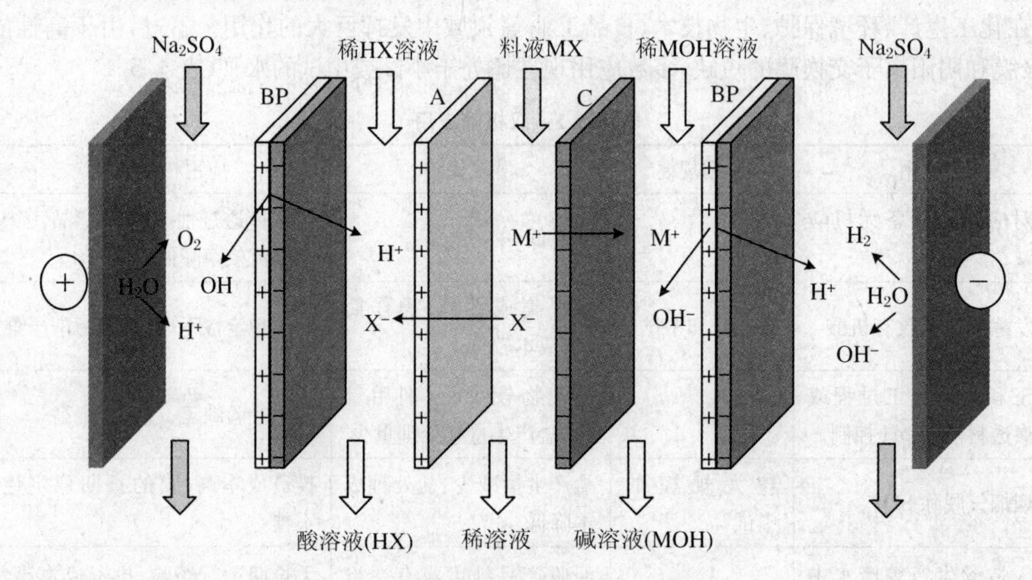

图 4.5.2 双极膜电渗析转化乳酸盐的原理示意图

四、实验步骤

(1) 组装膜堆。

按“阳极板—隔板—双极膜—隔板—阴膜—隔板—阳膜—隔板—双极膜—阴极板”顺序组装,用长杆螺钉压紧膜堆。为了确保装置的严密性,请保证隔板之间的垫圈厚度不要超过垫圈槽。请保证双极膜的阳膜侧朝向阴极板。螺钉一共 6 根,用于装置压紧时请注意均匀用力,防止装置变形脆断。

(2) 连接外围设备。

将隔板出口分别连接上出水管和进水管,再将进水管与外置烧杯中的潜水泵出口连接,而出水管的出口端连接到烧杯中,确保循环通路的畅通。

(3) 注入料液和电极水。

在盐室中注入料液,在极室中注入电极水,在酸室和碱室中注入蒸馏水,并保证料液淹没潜水泵。

(4) 通电操作。

先启动潜水泵,确保各个隔室充满液体,并将隔室中的气泡排尽。再将直流电源的正极和负极分别与膜堆的阳极引线和阴极引线连接,通电后该套双极膜电渗析装置即开始工作,采用恒电压(60 V)操作模式。

(5) 计算。

在通电操作后,每隔一段时间(如 10 min)从酸室和碱室同时取样(1 mL),采用酸碱滴定法测定酸室和碱室的浓度,对最终酸产品采用生物传感分析仪进行分析,计算乳酸的产率和电流效率。

五、实验注意事项

如果装置发生泄漏,请进一步压紧装置;如果情况得不到改善,请更换垫圈或增加其厚度。实验完毕后,请将各个隔室、烧杯和潜水泵内的料液或电解质溶液清洗干净。若长期不用,请将装置拆卸还原,并确保各组件的干燥和清洁。

六、实验结果与分析

(1) 实验数据参考表 4.5.2 与表 4.5.3 进行记录。

表 4.5.2　数据记录和处理

时　间(min)	0	5	10	15	20	25	30	35	40	…
电压(V)										
电流(A)										
酸室酸浓度(mol·L^{-1})										
碱室碱浓度(mol·L^{-1})										
产酸电流效率(%)										
产碱电流效率(%)										

表 4.5.3　最终数据

实验最终乳酸浓度(mol·L^{-1})	实验最终乳酸溶液体积(L)	实验最终乳酸总量(mol)

(2) 关于产酸量(N_{acid})和产碱量(N_{base}),以及他们各自的电流效率(η_{acid}和 η_{base})请根据下面的公式计算:

$$N_{acid} = (C_{at} - C_{a0}) \times V$$

$$\eta_{acid} = \frac{N_{acid} F}{It} \times 100\%$$

$$N_{base} = (C_{bt} - C_{b0}) \times V$$

$$\eta_{base} = \frac{N_{base} F}{It} \times 100\%$$

式中:C_{a0},C_{at}—酸室中酸在通电时间为 0 和 t 时的浓度;

C_{b0},C_{bt}—碱室中碱在通电时间为 0 和 t 时的浓度;

V—淡化室溶液体积;

F—法拉第常数；

I—操作电流。

七、思考题

(1) 乳酸分子在电渗析过程中会扩散到其他隔室吗？

(2) 在双极膜电渗析过程中，各隔室体积是否有变化，原因是什么？

(3) 双极膜电渗析通电操作过程中，可能会发生的离子或分子传质过程都有哪些？这些传质过程对双极膜电渗析过程的效率都有什么影响？

(4) 双极膜电渗析通电操作的过程中，除了双极膜能够发生水解离，单级膜(如阴离子交换膜和阳离子交换膜)能不能发生水解离？为什么？

实验六　发酵过程与双极膜电渗析的集成操作

一、实验目的

(1) 了解发酵过程与双极膜电渗析能够集成的基本理论。

(2) 熟悉发酵罐与双极膜电渗析的基本操作。

(3) 研究发酵过程与双极膜电渗析集成操作的最佳条件。

二、实验原理

发酵生产乳酸的过程中，由于乳酸的不断产生，会造成发酵液的 pH 不断地下降。pH 过低会影响发酵液中乳酸菌种的活性，甚至造成死亡现象的发生，这样就会直接影响发酵过程的效率。传统的生产方法是在发酵液中投加生石灰或碳酸钙等盐来中和产生的乳酸，维持发酵液的 pH 在中性范围内。乳酸的提取工艺如图 4.6.1 所示。传统工艺过程，会产生大量的硫酸钙副产物而无法有效地处理。双极膜电渗析在将乳酸盐转化为乳酸的同时，可以生成碱液(如乳酸盐为 MX，则会产生碱液 MOH)。这样，在提取乳酸的同时，副产物(碱液 MOH)也可以得到再次利用，就是将碱液返回至发酵过程进行发酵液的 pH 的调节。新型化工生产追求过程的集成性、高效性，尽可能地减少原料或产品的周转过程。所以在此基础上，我们提出将发酵过程与双极膜电渗析进行集成，在提取回收乳酸产品的同时，又能进行乳酸的发酵生产。

三、实验材料、仪器和试剂

1. 实验材料

乳酸发酵菌种：植物乳杆菌。

2. 实验仪器

恒温振荡器、高压蒸汽灭菌锅、发酵罐、干燥箱、电子天平、pH 计、生物传感分析仪、分光光度计、冰柜。其他常规实验器皿:烧杯、量筒、玻璃棒、酒精灯、接种环、培养皿、移液管等。直流稳压电源;明道式电渗析膜堆一套,外配容量为 1 000 mL 的烧杯 5 只,硅胶管(约 0.5 m)10 根;小型潜水泵 5 个。

3. 实验试剂

无水乙醇;发酵液 500 mL;电极室用水:0.3 mol·L^{-1}的 $NaSO_4$ 溶液,1 000 mL(阴极室和阳极室各 500 mL)。酸室和碱室为:蒸馏水。

发酵培养基每升含:蛋白胨 10 g;牛肉膏 10 g;酵母粉 5 g;葡萄糖 50 g;乙酸钠 2 g;柠檬酸二胺 2 g;吐温-80 1 g;磷酸氢二钾 2 g;七水硫酸镁 0.2 g;一水硫酸锰 0.05 g。在配制固体培养基时,每升培养基还需另加入:碳酸钙 20 g;琼脂 15 g。在配制种子培养基时,每升培养基需另加入:碳酸钙 20 g。每次配制好培养基后,都要将培养基的 pH 调节到 6.8。

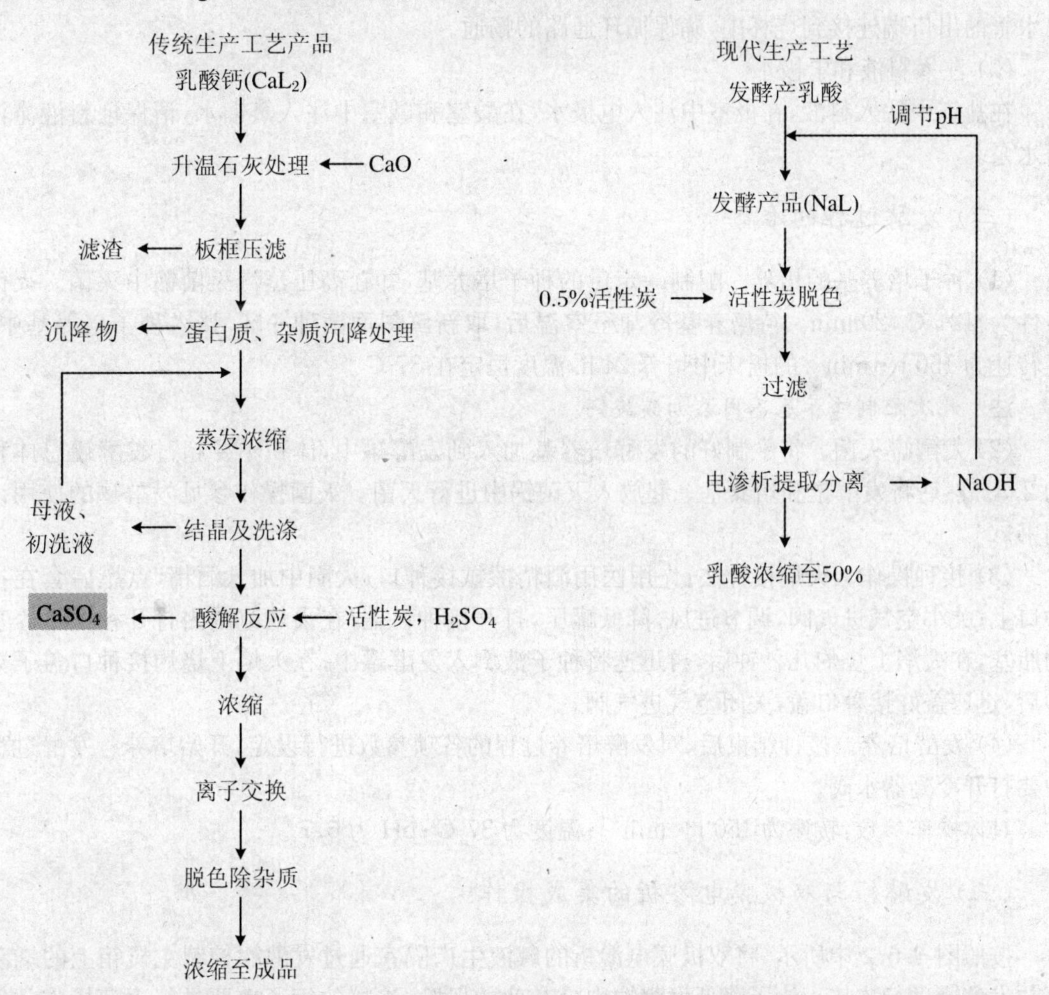

图 4.6.1　乳酸的提取工艺

四、实验步骤

(一) 双极膜电渗析的准备

(1) 组装膜堆。

按“阳极板—隔板—双极膜—隔板—阴膜—隔板—阳膜—隔板—双极膜—阴极板”顺序组装,用长杆螺钉压紧膜堆。为了确保装置的严密性,请保证隔板之间的垫圈厚度不要超过垫圈槽。请保证双极膜的阳膜侧朝向阴极板。螺钉一共6根,用于装置压紧时请注意均匀用力,防止装置变形脆断。

(2) 连接外围设备。

将隔板出口分别连接上出水管和进水管,再将进水管与外置烧杯中的潜水泵出口连接,而出水管的出口端连接到烧杯中,确保循环通路的畅通。

(3) 注入料液和电极水。

在盐室中注入料液,在极室中注入电极水,在酸室和碱室中注入蒸馏水,请保证料液淹没潜水泵。

(二) 发酵过程的准备

(1) 种子培养基的培养。配制一定量的种子培养基,并在高压蒸汽灭菌锅中灭菌。灭菌条件为:121 ℃,20 min。待培养基冷却至室温后,取新鲜斜面菌种一环,接入种子培养基中,在转速为150 $r \cdot min^{-1}$的摇床中培养24 h,温度恒定在37 ℃。

注　此次配制培养基不用添加碳酸钙。

(2) 发酵罐灭菌。将配制好的发酵培养基加入到发酵罐中,体积不要超过发酵罐总体积的2/3。然后将发酵罐和培养基一起放入灭菌锅中进行灭菌。灭菌操作参见发酵罐的使用说明书。

(3) 接种操作。火焰接种法:先用医用酒精擦拭接种口;火圈中加入酒精,点燃后套在接种口上;关小空气进气阀,调节进风,降低罐压,打开接种口盖;在火焰范围内打开种子培养基的瓶塞,在火焰上烧灼几秒钟后,再迅速将种子液倒入发酵罐中;在火焰上烧灼接种口盖子数秒后,迅速盖好接种口盖,关闭空气进气阀。

(4) 发酵培养。接种结束后,对发酵培养过程的各项参数进行设定,开始培养。发酵过程中要打开冷凝器水阀。

具体操作参数:转速为150 $r \cdot min^{-1}$;温度为37 ℃;pH为6.7。

(三) 发酵罐与双极膜电渗析的集成操作

按照图4.6.2中所示,将双极膜电渗析的碱液生产隔室通过发酵罐控制主机箱上的蠕动泵与发酵罐进行连接。为了降低发酵罐中染杂菌的风险,连接的管子也要进行灭菌操作。发酵罐内的pH由pH计进行实时监测,当pH低于设定值时,由蠕动泵自动将双极膜电渗析的碱液隔室中的碱液泵入发酵罐进行调节。

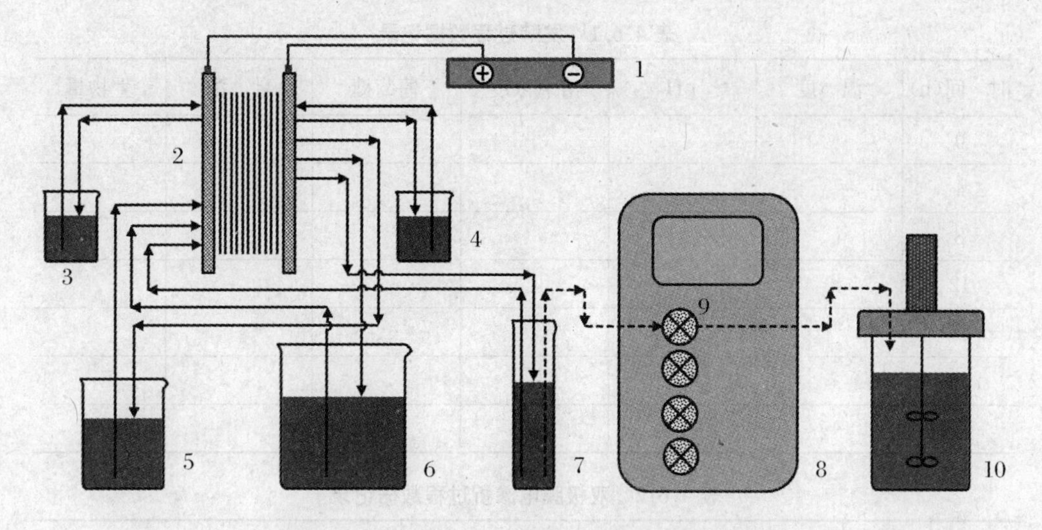

图 4.6.2　发酵过程与双极膜电渗析集成流程图

1. 直流稳压电源；2. 双极膜电渗析膜堆；3. 阴极室；4. 阳极室；5. 乳酸生产隔室；6. 料液室；7. 碱液生产隔室；8. 发酵罐控制主机箱；9. 蠕动泵；10. 发酵罐

（四）操作过程的监测

集成操作过程中,要对发酵罐和双极膜电渗析同时进行监测,防止一方出现问题导致集成操作的失败。发酵过程:每 1 h 记录 pH、温度,每 4 h 测量残余葡萄糖的量,观察发酵过程是否正常。双极膜电渗析:每 1 h 记录电压、电流,每 4 h 测量酸室中乳酸的浓度,并记录碱室中碱液的体积。

（五）乳酸发酵液的初步提取

实验结束后,应及时向发酵罐中加入 $NaHCO_3$,使 pH 升高到 10 左右。同时升高温度至 90 ℃,使菌体和其他悬浮物下沉。发酵原液澄清后,将上清液收集到塑料桶中,放入冰柜中保存,用于下一步的提纯。澄清后的沉淀物集中进行处理。

五、实验注意事项

对于双极膜电渗析,实验结束后请将各个隔室、烧杯和潜水泵内的料液或电解质溶液清洗干净。若长期不用,请将装置拆卸还原,并确保各组件的干燥和清洁。

六、实验结果与分析

(1) 实验数据参考表 4.6.1、表 4.6.2 与表 4.6.3 进行记录。

表 4.6.1 发酵过程数据记录

时 间(h)	温 度	pH	溶氧浓度	葡萄糖	乳 酸	生物量
0						
4						
8						
12						
16						
20						
⋮						

表 4.6.2 双极膜电渗析过程数据记录

时 间(h)	电 压(V)	电 流(A)	酸室酸浓度($mol \cdot L^{-1}$)	碱室碱液体积(mL)	产酸电流效率(%)	产碱电流效率(%)
0						
4						
8						
12						
16						
20						
⋮						

表 4.6.3 最终数据

实验最终乳酸浓度($mol \cdot L^{-1}$)	实验最终乳酸溶液体积(L)	实验最终乳酸总量(mol)

(2) 关于产酸量(N_{acid})和产碱量(N_{base}),以及他们各自的电流效率(η_{acid}和 η_{base})用第四章实验五中数据处理部分所列出的公式进行计算。

(3) 关于葡萄糖、乳酸和生物量的测量,同第四章实验一。

七、思考题

(1) 在发酵罐与双极膜电渗析集成操作过程中,如何确保双极膜电渗析的碱室中产生的碱液能够满足发酵过程所需?

(2) 集成操作过程中,将双极膜电渗析酸室生产乳酸的结果与单独双极膜电渗析过程生产乳酸的结果(第四章实验五)相比,有什么区别?造成此区别的原因有哪些?

附　录

附录一　常用物理量的单位和量纲

一、常用物理量的单位和量纲

物理量	绝对单位制			重力单位制	
	cgs 单位	SI 单位	量纲式	工程单位	量纲式
长度	cm	m	L	m	L
质量	g	kg	M	$kgf \cdot s^2 \cdot m^{-1}$	$L^{-1}FT^2$
力	$g \cdot cm \cdot s^{-2} = dyn$	$kg \cdot m \cdot s^{-2} = N$	LMT^{-2}	kgf	F
时间	s	s	T	s	T
速度	$cm \cdot s^{-1}$	$m \cdot s^{-1}$	LT^{-1}	$m \cdot s^{-1}$	LT^{-1}
加速度	$cm \cdot s^{-2}$	$m \cdot s^{-2}$	LT^{-2}	$m \cdot s^{-2}$	LT^{-2}
压力	$dyn \cdot cm^{-2} = bar$	$N \cdot m^{-2} = Pa$	$L^{-1}MT^{-2}$	$kgf \cdot m^{-2}$	$L^{-2}F$
密度	$g \cdot cm^{-3}$	$kg \cdot m^{-3}$	$L^{-3}M$	$kgf \cdot s^2 \cdot m^{-4}$	$L^{-4}FT^2$
黏度	$dyn \cdot s \cdot cm^{-2} = P$	$N \cdot s \cdot m^{-2} = Pa \cdot s$	$L^{-1}MT^{-1}$	$kgf \cdot s \cdot m^{-2}$	$L^{-2}FT$
温度	℃	K	θ	℃	θ
能量或功	$dyn \cdot cm = erg$	$N \cdot m = J$	L^2MT^{-2}	$kgf \cdot m$	LF
热量	cal	J	L^2MT^{-2}	kcal	LF
比热容	$cal \cdot g^{-1} \cdot ℃^{-1}$	$J \cdot kg^{-1} \cdot K^{-1}$	$L^2T^{-2}\theta^{-1}$	$kcal \cdot kgf^{-1} \cdot ℃^{-1}$	$L\theta^{-1}$
功率	$erg \cdot s^{-1}$	$J \cdot s^{-1} = W$	L^2MT^{-3}	$kgf \cdot m \cdot s^{-1}$	LFT^{-1}
热导率	$cal \cdot cm^{-1} \cdot s^{-1} \cdot ℃^{-1}$	$W \cdot m^{-1}K^{-1}$	$LMT^{-3}\theta^{-1}$	$kcal \cdot m^{-1} \cdot s^{-1} \cdot ℃^{-1}$	$FT^{-1}\theta^{-1}$
传热系数	$cal \cdot cm^{-2} \cdot s^{-1} \cdot ℃^{-1}$	$W \cdot m^{-2} \cdot K^{-1}$	$MT^{-3}\theta^{-1}$	$kcal \cdot m^{-2} \cdot s^{-1} \cdot ℃^{-1}$	$FL^{-1}T^{-1}\theta^{-1}$
扩散系数	$cm^2 \cdot s^{-1}$	$m^2 \cdot s^{-1}$	L^2T^{-1}	$m^2 \cdot s^{-1}$	L^2T^{-1}

二、单位换算表

物理量	名　称	单位符号	换算关系
力	牛顿 公斤(千克力)	N kgf	$1\ N = 1\ kg \cdot m \cdot s^{-2} = 10^5\ dyn$ $1\ dyn = 1\ g \cdot cm \cdot s^{-2}$ $1\ kgf = 9.81\ N$
长度	米 厘米 毫米 英寸 微米 埃	m cm mm in μm Å	$1\ m = 100\ cm = 10^3\ mm$ $1\ in = 25.4\ mm$ $1\ \mu m = 10^{-6}\ m = 10^{-3}\ mm$ 1 埃(Å) = 10^{-10} m
面积	米^2 厘米^2 毫米^2	m^2 cm^2 mm^2	$1\ m^2 = 10^4\ cm^2 = 10^6\ mm^2$ $1\ m^2 = 1\,550\ in^2$
体积	米^3 厘米^3 升	m^3 cm^3 L	$1\ m^3 = 10^6\ cm^3 = 10^3\ L$ $1\ L = 1\,000\ mL$ $1\ L = 10^3\ cm^3$
压力 (压强)	帕斯卡 托 物理大气压 工程大气压 巴	Pa torr atm at bar	$1\ Pa = 1\ N \cdot m^{-2}$ $1\ torr = 1\ mmHg$ $1\ atm = 1.013 \times 10^5\ Pa = 1.013\ kgf \cdot cm^{-2}$ $= 1.033 \times 10^4\ kgf \cdot m^{-2} = 10.33\ mH_2O$ $1\ at = 9.81 \times 10^4\ Pa = 9.81 \times 10^4\ N \cdot m^{-2}$ $= 1\ kgf \cdot cm^{-2} = 10^4\ kgf \cdot m^{-2}$ $= 735.6\ mmHg = 10\ mH_2O = 0.967\,8\ atm$ $1\ bar = 10^5\ N \cdot m^{-2} = 1.02 \times 10^4\ kgf \cdot m^{-2}$ $= 0.986\,9\ atm = 1.02\ at = 750\ mmHg$
热、功、能	焦耳 千卡 千瓦时	J kcal kW·h	$1\ J = 1\ N \cdot m$ $1\ kcal = 4.187\ kJ = 427\ kgf \cdot m$ $1\ kW \cdot h = 3.6 \times 10^6\ J = 860\ kcal = 1.341$ 马力·小时
功率	瓦特 千瓦	W kW	$1\ W = 1\ J \cdot s^{-1}$ $1\ kW = 10^3\ W = 102\ kgf \cdot m \cdot s^{-1}$

续表

物理量	名　称	单位符号	换算关系
黏度	泊 厘泊	P cP	$1\ P = 1\ g \cdot cm^{-1} \cdot s^{-1} = 1\ dyn \cdot s^{-1} \cdot cm^{-2}$ $= 100\ cP = 0.0102\ kgf \cdot s \cdot m^{-2}$ $1\ cP = 1.02 \times 10^{-4}\ kgf \cdot s \cdot m^{-2}$ $= 0.001\ N \cdot s \cdot m^{-2} = 0.01\ dyn \cdot s \cdot cm^{-2}$ $1\ kgf \cdot s \cdot m^{-2} = 9.81 \times 10^{3}\ cP = 9.81\ N \cdot s \cdot m^{-2}$
运动黏度	斯托克斯	st	$1\ st = 1\ cm^{2} \cdot s$ $1\ cm^{2} \cdot s = 10^{-4}\ m^{2} \cdot s^{-1}$
表面张力		σ	$1\ dyn \cdot cm^{-1} = 0.001\ N \cdot m^{-1} = 1.02 \times 10^{-4}\ kgf \cdot m^{-1}$ $1\ N \cdot m^{-1} = 10^{3}\ dyn \cdot cm^{-1}$
比热容 C_p			$1\ cal \cdot kgf^{-1} \cdot ℃^{-1} = 4.187 \times 10^{3}\ J \cdot kg^{-1} \cdot K^{-1}$ $1\ kJ \cdot kg^{-1} \cdot K^{-1} = 0.2389\ kcal \cdot kg^{-1} \cdot ℃^{-1}$
热导率 λ			$1\ kcal \cdot m^{-1} \cdot s^{-1} \cdot ℃^{-1}$ $= 4.187 \times 10^{3}\ W \cdot m^{-1} \cdot K^{-1}$ $= 3.6 \times 10^{3}\ kcal \cdot m^{-1} \cdot h^{-1} \cdot ℃^{-1}$
传热系数 K			$1\ kcal \cdot m^{-2} \cdot h^{-1} \cdot ℃^{-1}$ $= 1.163\ W \cdot m^{-2} \cdot K^{-1}$ $= 2.778 \times 10^{-5}\ cal \cdot cm^{-2} \cdot s^{-1} \cdot ℃^{-1}$
气体常数 R			$R = 1.987\ kcal \cdot kmol^{-1} \cdot K^{-1}$ $= 8.31\ kJ \cdot kmol^{-1} \cdot K^{-1}$ $= 0.082\ atm \cdot m^{3} \cdot kmol^{-1} \cdot K^{-1}$ $= 848\ kgf \cdot m \cdot kmol^{-1} \cdot K^{-1}$

附录二 水的物理性质

温度 t(℃)	饱和蒸汽压 p(kPa)	密度 ρ($kg \cdot m^{-3}$)	焓 H($kJ \cdot kg^{-1}$)	比定压热容 C_p($kJ \cdot kg^{-1} \cdot K^{-1}$)	导热系数 λ($10^{-2} W \cdot m^{-1} \cdot K^{-1}$)	黏度 μ($10^{-5} Pa \cdot s$)	体积膨胀系数 α($10^{-4} K^{-1}$)	表面张力 σ($10^{-3} N \cdot m^{-1}$)	普兰德数 Pr
0	0.6082	999.9	0	4.212	55.13	179.21	0.63	75.6	13.66
10	1.2262	999.7	42.04	4.197	57.45	130.77	0.70	74.1	9.52
20	2.3346	998.2	83.90	4.183	59.89	100.50	1.82	72.6	7.01
30	4.2474	995.7	125.69	4.174	61.76	80.07	3.21	71.2	5.42
40	7.3766	992.2	165.71	4.174	63.38	65.60	3.87	69.6	4.32
50	12.310	988.1	209.30	4.174	64.78	54.94	4.49	67.7	3.54
60	19.932	983.2	251.12	4.178	65.94	46.88	5.11	66.2	2.98
70	31.164	977.8	292.99	4.178	66.76	40.61	5.70	64.3	2.54
80	47.379	971.8	334.94	4.195	67.45	35.65	6.32	62.6	2.22
90	70.136	965.3	376.98	4.208	67.98	31.65	6.95	60.7	1.96
100	101.33	958.4	419.10	4.220	68.04	28.38	7.52	58.8	1.76
110	143.31	951.0	461.34	4.238	68.27	25.89	8.08	56.9	1.61
120	198.64	943.1	503.67	4.250	68.50	23.73	8.64	54.8	1.47
130	270.25	934.8	546.38	4.266	68.50	21.77	9.17	52.8	1.36
140	361.47	926.1	589.08	4.287	68.27	20.10	9.72	50.7	1.26
150	476.24	917.0	632.20	4.312	68.38	18.63	10.3	48.6	1.18
160	618.28	907.4	675.33	4.346	68.27	17.36	10.7	46.6	1.11
170	792.59	897.3	719.29	4.379	67.92	16.28	11.3	45.3	1.05

续表

温度 t(℃)	饱和蒸汽压 p(kPa)	密度 $\rho(\mathrm{kg \cdot m^{-3}})$	焓 $H(\mathrm{kJ \cdot kg^{-1}})$	比定压热容 $C_p(\mathrm{kJ \cdot kg^{-1} \cdot K^{-1}})$	导热系数 $\lambda(10^{-2}\mathrm{W \cdot m^{-1} \cdot K^{-1}})$	黏度 $\mu(10^{-5}\mathrm{Pa \cdot s})$	体积膨胀系数 $\alpha(10^{-4}\mathrm{K^{-1}})$	表面张力 $\sigma(10^{-3}\mathrm{N \cdot m^{-1}})$	普兰德数 Pr
180	1 003.5	886.9	763.25	4.417	67.45	15.30	11.9	42.3	1.00
190	1 255.6	876.0	807.63	4.460	66.99	14.42	12.6	40.8	0.96
200	1 554.77	863.0	852.43	4.505	66.29	13.63	13.3	38.4	0.93
210	1 917.72	852.8	897.65	4.555	65.48	13.04	14.1	36.1	0.91
220	2 320.88	840.3	943.70	4.614	64.55	12.46	14.8	33.8	0.89
230	2 798.59	827.3	990.18	4.681	63.73	11.97	15.9	31.6	0.88
240	3 347.91	813.6	1 037.49	4.756	62.80	11.47	16.8	29.1	0.87
250	3 977.67	799.0	1 085.64	4.844	61.76	10.98	18.1	26.7	0.86
260	4 693.75	784.0	1 135.04	4.949	60.84	10.59	19.7	24.2	0.87
270	5 503.99	767.9	1 185.28	5.070	59.96	10.20	21.6	21.9	0.88
280	6 417.24	750.7	1 236.28	5.229	57.45	9.81	23.7	19.5	0.89
290	7 443.29	732.3	1 289.95	5.485	55.82	9.42	26.2	17.2	0.93
300	8 592.94	712.5	1 344.80	5.736	53.96	9.12	29.2	14.7	0.97
310	9 877.96	691.1	1 402.16	6.071	52.34	8.83	32.9	12.3	1.02
320	11 300.3	667.1	1 462.03	6.573	50.59	8.53	38.2	10.0	1.11
330	12 879.6	640.2	1 526.19	7.243	48.73	8.14	43.3	7.82	1.22
340	14 615.9	610.1	1 594.75	8.164	45.71	7.75	53.4	5.78	1.38
350	16 538.5	574.4	1 671.37	9.504	43.03	7.26	66.8	3.89	1.60
360	18 667.1	528.0	1 761.39	13.984	39.54	6.67	109	2.06	2.36
370	21 040.9	450.5	1 892.43	40.319	33.73	5.69	264	0.48	6.80

附录三　饱和水蒸气表

一、按温度排列

温度 t(℃)	绝对压强 p(kPa)	水蒸气的密度 ρ($kg \cdot m^{-3}$)	焓 H($kJ \cdot kg^{-1}$)		汽化热 r($kJ \cdot kg^{-1}$)
			液体	水蒸气	
0	0.608 2	0.004 84	0	2 491.1	2 491.1
5	0.873 0	0.006 80	20.94	2 500.8	2 479.86
10	1.226 2	0.009 40	41.87	2 510.4	2 468.53
15	1.706 8	0.012 83	62.80	2 520.5	2 457.7
20	2.334 6	0.017 19	83.74	2 530.1	2 446.3
25	3.168 4	0.023 04	104.67	2 539.7	2 435.0
30	4.247 4	0.030 36	125.60	2 549.3	2 423.7
35	5.620 7	0.039 60	146.54	2 559.0	2 412.1
40	7.376 6	0.051 14	167.47	2 568.6	2401.1
45	9.583 7	0.065 43	188.41	2 577.8	2 389.4
50	12.340	0.083 0	209.34	2587.4	2 378.1
55	15.743	0.1043	230.27	2 596.7	2 366.4
60	19.923	0.130 1	251.21	2 606.3	2 355.1
65	25.014	0.161 1	272.14	2 615.5	2 343.1
70	31.164	0.197 9	293.08	2 624.3	2 331.2
75	38.551	0.241 6	314.01	2 633.5	2 319.5
80	47.379	0.292 9	334.94	2 642.3	2 307.8
85	57.875	0.353 1	355.88	2651.1	2 295.2
90	70.136	0.422 9	376.81	2 659.9	2 283.1
95	84.556	0.503 9	397.75	2 668.7	2 270.5
100	101.33	0.597 0	418.68	2 677.0	2 258.4
105	120.85	0.703 6	440.03	2 685.0	2 245.4
110	143.31	0.825 4	460.97	2 693.4	2 232.0
115	169.11	0.963 5	482.32	2701.3	2 219.0

续表

温度 t(℃)	绝对压强 p(kPa)	水蒸气的密度 ρ($kg \cdot m^{-3}$)	焓 H($kJ \cdot kg^{-1}$)		汽化热 r($kJ \cdot kg^{-1}$)
			液体	水蒸气	
120	198.64	1.1199	503.67	2708.9	2205.2
125	232.19	1.296	525.02	2716.4	2191.8
130	270.25	1.494	546.38	2723.9	2177.6
135	313.11	1.715	567.73	2731.0	2163.3
140	361.47	1.962	589.08	2737.7	2148.7
145	415.72	2.238	610.85	2744.4	2134.0
150	476.24	2.543	632.21	2750.7	2118.5
160	618.28	3.252	675.75	2762.9	2037.1
170	792.59	4.113	719.29	2773.3	2054.0
180	1003.5	5.145	763.25	2782.5	2019.3
190	1255.6	6.378	807.64	2790.1	1982.4
200	1554,77	7.840	852.01	2795.5	1943.5
210	1917.72	9.567	897.23	2799.3	1902.5
220	2320.88	11.60	942.45	2801.0	1858.5
230	2798.59	13.98	988.50	2800.1	1811.6
240	3347.91	16.76	1034.56	2796.8	1761.8
250	3977.67	20.01	1081.45	2790.1	1708.6
260	4693.75	23.82	1128.76	2780.9	1651.7
270	5503.99	28.27	1176.91	2768.3	1591.4
280	6417.24	33.47	1225.48	2752.0	1526.5
290	7443.29	39.60	1274.46	2732.3	1457.4
300	8592.94	46.93	1325.54	2708.0	1382.5
310	9877.96	55.59	1378.71	2680.0	1301.3
320	11300.3	65.95	1436.07	2648.2	1212.1
330	12879.6	78.53	1446.78	2610.5	1116.2
340	14615.8	93.98	1562.93	2568.6	1005.7
350	16538.5	113.2	1636.20	2516.7	880.5
360	18667.1	139.6	1729.15	2442.6	713.0
370	21040.9	171.0	1888.25	2301.9	411.1
374	22070.9	322.6	2098.0	2098.0	0

二、按压强排列

绝对压强 p(kPa)	温度 t(℃)	水蒸气的密度 ρ(kg·m^{-3})	焓 H(kJ·kg^{-1})		汽化热 r(kJ·kg^{-1})
			液体	水蒸气	
1.0	6.3	0.007 73	26.48	2 503.1	2 476.8
1.5	12.5	0.011 33	52.26	2 515.3	2 463.0
2.0	17.0	0.014 86	71.21	2 524.2	2 452.9
2.5	20.9	0.018 36	87.45	2 531.8	2 444.3
3.0	23.5	0.021 79	98.38	2 536.8	2 438.1
3.5	26.1	0.025 23	109.30	2 541.8	2 432.5
4.0	28.7	0.028 67	120.23	2 546.8	2 426.6
4.5	30.8	0.032 05	129.00	2 550.9	2 421.9
5.0	32.4	0.035 37	135.69	2 554.0	2 416.3
6.0	35.6	0.042 00	149.06	2 560.1	2 411.0
7.0	38.8	0.048 64	162.44	2 566.3	2 403.8
8.0	41.3	0.055 14	172.73	2 571.0	2 398.2
9.0	43.3	0.061 56	181.16	2 574.8	2 393.6
10.0	45.3	0.067 98	189.59	2 578.5	2 388.9
15.0	53.5	0.099 56	224.03	2 594.0	2 370.0
20.0	60.1	0.130 68	251.51	2 606.4	2 354.9
30.0	66.5	0.190 93	288.77	2 622.4	2 333.7
40.0	75.0	0.249 75	315.93	2 634.1	2 312.2
50.0	81.2	0.307 99	339.80	2 644.3	2 304.5
60.0	85.6	0.365 14	358.21	2 652.1	2 393.9
70.0	89.9	0.422 29	376.61	2 659.8	2 283.2
80.0	93.2	0.478 07	390.08	2 665.3	2 275.3
90.0	96.4	0.533 84	403.49	2 670.8	2 267.4
100.0	99.6	0.589 61	416.90	2 676.3	2 259.5
120.0	104.5	0.698 68	437.51	2 684.3	2 246.8
140.0	109.2	0.807 58	457.67	2 692.1	2 234.4
160.0	113.0	0.829 81	473.88	2 698.1	2 224.2
180.0	116.6	1.020 9	489.32	2 703.7	2 214.3

续表

绝对压强 p(kPa)	温度 t(℃)	水蒸气的密度 ρ($kg \cdot m^{-3}$)	焓 H($kJ \cdot kg^{-1}$)		汽化热 r($kJ \cdot kg^{-1}$)
			液体	水蒸气	
200.0	120.2	1.127 3	493.71	2 709.2	2 204.6
250.0	127.2	1.390 4	534.39	2 719.7	2 185.4
300.0	133.3	1.650 1	560.38	2 728.5	2 168.1
350.0	138.8	1.907 4	583.76	2 736.1	2 152.3
400.0	143.4	2.161 8	603.61	2 742.1	2 138.5
450.0	147.7	2.415 2	622.42	2 747.8	2 125.4
500.0	151.7	2.667 3	639.59	2 752.8	2 113.2
600.0	158.7	3.168 6	676.22	2 761.4	2 091.1
700.0	164.0	3.665 7	696.27	2 767.8	2 071.5
800.0	170.4	4.161 4	720.96	2 773.7	2 052.7
900.0	175.1	4.652 5	741.82	2 778.1	2 036.2
1×10^3	179.9	5.143 2	762.68	2 782.5	2 019.7
1.1×10^3	180.2	5.633 3	780.34	2 785.5	2 005.1
1.2×10^3	187.8	6.124 1	797.92	2 788.5	1 990.6
1.3×10^3	191.5	6.614 1	814.25	2 790.9	1 976.7
1.4×10^3	194.8	7.103 4	829.06	2 792.4	1 963.7
1.5×10^3	198.2	7.593 5	843.86	2 794.4	1 950.7
1.6×10^3	201.3	8.081 4	857.77	2 796.0	1 938.2
1.7×10^3	204.1	8.567 4	870.58	2 797.1	1 926.1
1.8×10^3	206.9	9.053 3	883.39	2 798.1	1 914.8
1.9×10^3	209.8	9.539 2	896.21	2 799.2	1 903.0
2×10^3	212.2	10.033 8	907.32	2 799.7	1 892.4
3×10^3	233.7	15.007 5	1 005.4	2 798.9	1 793.5
4×10^3	250.3	20.096 9	1 082.9	2 789.8	1 706.8
5×10^3	263.8	25.366 3	1 146.9	2 776.2	1 629.2
6×10^3	275.4	30.849 4	1 203.2	2 759.5	1 556.3
7×10^3	285.7	36.574 4	1 253.2	2 740.8	1 487.6
8×10^3	294.8	42.576 8	1 299.2	2 720.5	1 403.7
9×10^3	303.2	48.894 5	1 343.5	2 699.1	1 356.6
10×10^3	310.9	55.540 7	1 384.0	2 677.1	1 293.1

续表

绝对压强 p(kPa)	温度 t(℃)	水蒸气的密度 ρ(kg·m^{-3})	焓 H(kJ·kg^{-1})		汽化热 r(kJ·kg^{-1})
			液体	水蒸气	
12×10^3	324.5	70.3075	1463.4	2631.2	1167.7
14×10^3	336.5	87.3020	1567.9	2583.2	1043.4
16×10^3	347.2	107.8010	1615.8	2531.1	915.4
18×10^3	356.9	134.4813	1699.8	2466.0	766.1
20×10^3	365.6	176.5961	1817.8	2364.2	544.9

附录四 水的密度(0～39 ℃)

t(℃)	ρ(kg·m^{-3})									
	0.0	0.1	0.2	0.3	0.4	0.5	0.6	0.7	0.8	0.9
0	999.88	999.84	999.85	999.85	999.86	999.87	999.87	999.88	999.88	999.89
1	999.89	999.90	999.90	999.91	999.91	999.92	999.92	999.92	999.93	999.93
2	999.94	999.94	999.94	999.94	999.95	999.95	999.95	999.95	999.96	999.96
3	999.96	999.96	999.96	999.96	999.96	999.97	999.97	999.97	999.97	999.97
4	999.97	999.97	999.97	999.97	999.97	999.97	999.96	999.96	999.96	999.96
5	999.96	999.96	999.96	999.95	999.95	999.95	999.95	999.94	999.94	999.94
6	999.94	999.93	999.93	999.93	999.92	999.92	999.91	999.91	999.91	999.90
7	999.90	999.89	999.89	999.88	999.88	999.87	999.87	999.86	999.86	999.85
8	999.84	999.84	999.83	999.82	999.82	999.81	999.80	999.80	999.79	999.78
9	999.78	999.77	999.76	999.75	999.75	999.74	999.73	999.72	999.71	999.70
10	999.69	999.69	999.68	999.67	999.66	999.65	999.64	999.63	999.62	999.61
11	999.60	999.59	999.58	999.57	999.56	999.55	999.54	999.53	999.52	999.50
12	999.49	999.48	999.47	999.46	999.45	999.43	999.42	999.41	999.40	999.38
13	999.37	999.36	999.35	999.33	999.32	999.31	999.29	999.28	999.27	999.25
14	999.24	999.23	999.21	999.20	999.18	999.17	999.15	999.14	999.12	999.11

续表

t(℃)	ρ(kg·m⁻³)									
	0.0	0.1	0.2	0.3	0.4	0.5	0.6	0.7	0.8	0.9
15	999.09	999.08	999.06	999.05	999.03	999.02	999.00	998.99	998.97	998.95
16	998.94	998.92	998.91	998.89	998.87	998.86	998.84	998.82	998.80	998.79
17	998.77	998.75	998.74	998.72	998.70	998.68	998.66	998.65	998.63	998.61
18	998.59	998.57	998.55	998.53	998.52	998.50	998.48	998.46	998.44	998.42
19	998.40	998.38	998.36	998.34	998.32	998.30	998.26	998.24	998.23	998.22
20	998.20	998.18	998.16	998.14	998.12	998.09	998.07	998.05	998.03	998.01
21	997.99	997.97	997.94	997.92	997.90	997.88	997.86	997.83	997.81	997.79
22	997.77	997.74	997.72	997.70	997.67	997.65	997.63	997.60	997.58	997.56
23	997.53	997.51	997.49	997.46	997.44	997.41	997.39	997.37	997.34	997.32
24	997.29	997.27	997.24	997.22	997.19	997.17	997.14	997.12	997.09	997.07
25	997.04	997.01	996.99	996.96	996.94	996.91	996.83	996.83	996.83	996.81
26	996.78	996.75	996.73	996.70	996.67	996.64	996.62	996.59	996.56	996.54
27	996.51	996.48	996.45	996.43	996.40	996.37	996.34	996.31	996.29	996.26
28	996.23	996.20	996.17	996.14	996.11	996.09	996.06	996.03	996.00	995.97
29	995.94	995.91	995.88	995.85	995.82	995.79	995.76	995.73	995.70	995.67
30	995.64	995.61	995.58	995.55	995.52	995.49	995.46	995.43	995.40	995.37
31	995.34	995.31	995.27	995.24	995.21	995.18	995.15	995.12	995.09	995.05
32	995.02	994.99	994.96	994.93	994.89	994.86	994.83	994.80	994.76	994.73
33	994.70	994.67	994.63	994.60	994.57	994.53	994.50	994.47	994.43	994.40
34	994.37	994.33	994.30	994.27	994.23	994.20	994.16	994.13	994.10	994.06
35	994.03	993.99	993.96	993.92	993.89	993.85	993.82	993.78	993.75	993.71
36	993.68	993.64	993.61	993.57	993.54	993.50	993.47	993.43	993.40	993.36
37	993.32	993.29	993.25	993.22	993.18	993.14	993.11	993.07	993.03	993.00
38	992.96	992.92	992.89	992.85	992.81	992.78	992.74	992.70	992.66	992.63
39	992.59	992.55	992.51	992.48	992.44	992.40	992.36	992.33	992.29	992.25

附录五　水的黏度(0～40 ℃)

温度 T		黏度 μ		温度 T		黏度 μ	
℃	K	cP	Pa·s或 N·s·m^{-2}	℃	K	cP	Pa·s或 N·s·m^{-2}
0	273.16	1.7921	1.7921×10^{-3}	20.2	293.36	1.0000	1.0000×10^{-3}
1	274.16	1.7313	1.7313×10^{-3}	21	294.16	0.9810	0.9810×10^{-3}
2	275.16	1.6728	1.6728×10^{-3}	22	295.16	0.9579	0.9579×10^{-3}
3	276.16	1.6191	1.6191×10^{-3}	23	296.16	0.9358	0.9358×10^{-3}
4	277.16	1.5674	1.5674×10^{-3}	24	297.16	0.9142	0.9142×10^{-3}
5	278.16	1.5188	1.5188×10^{-3}	25	298.16	0.8937	0.8937×10^{-3}
6	279.16	1.4728	1.4728×10^{-3}	26	299.16	0.8737	0.8737×10^{-3}
7	280.16	1.4284	1.4284×10^{-3}	27	300.16	0.8545	0.8545×10^{-3}
8	281.16	1.3860	1.3860×10^{-3}	28	301.16	0.8360	0.8360×10^{-3}
9	282.16	1.3462	1.3462×10^{-3}	29	302.16	0.8180	0.8180×10^{-3}
10	283.16	1.3077	1.3077×10^{-3}	30	303.16	0.8007	0.8007×10^{-3}
11	284.16	1.2713	1.2713×10^{-3}	31	304.16	0.7840	0.7840×10^{-3}
12	285.16	1.2363	1.2363×10^{-3}	32	305.16	0.7679	0.7679×10^{-3}
13	286.16	1.2028	1.2028×10^{-3}	33	306.16	0.7523	0.7523×10^{-3}
14	287.16	1.1709	1.1709×10^{-3}	34	307.16	0.7371	0.7371×10^{-3}
15	288.16	1.1404	1.1404×10^{-3}	35	308.16	0.7225	0.7225×10^{-3}
16	289.16	1.1111	1.1111×10^{-3}	36	309.16	0.7085	0.7085×10^{-3}
17	290.16	1.0828	1.0828×10^{-3}	37	310.16	0.6947	0.6947×10^{-3}
18	291.16	1.0559	1.0559×10^{-3}	38	311.16	0.6814	0.6814×10^{-3}
19	292.16	1.0299	1.0299×10^{-3}	39	312.16	0.6685	0.6685×10^{-3}
20	293.16	1.0050	1.0050×10^{-3}	40	313.16	0.6560	0.6560×10^{-3}

附录六　干空气的物理性质(101.33 kPa)

温度 t(℃)	密度 ρ ($kg \cdot m^{-3}$)	比定压热容 C_p ($kJ \cdot kg^{-1} \cdot K^{-1}$)	导热系数 λ ($10^{-2} W \cdot m^{-1} \cdot K^{-1}$)	黏度 μ ($10^{-5} Pa \cdot s$)	普兰德数 Pr
−50	1.584	1.013	2.035	1.46	0.728
−40	1.515	1.013	2.117	1.52	0.728
−30	1.453	1.013	2.198	1.57	0.723
−20	1.395	1.009	2.279	1.62	0.716
−10	1.342	1.009	2.360	1.67	0.712
0	1.293	1.009	2.442	1.72	0.707
10	1.247	1.009	2.512	1.76	0.705
20	1.205	1.013	2.593	1.81	0.703
30	1.165	1.013	2.675	1.86	0.701
40	1.128	1.013	2.756	1.91	0.699
50	1.093	1.017	2.826	1.96	0.698
60	1.060	1.017	2.896	2.01	0.696
70	1.029	1.017	2.966	2.06	0.694
80	1.000	1.022	3.047	2.11	0.692
90	0.972	1.022	3.128	2.15	0.690
100	0.946	1.022	3.210	2.19	0.688
120	0.898	1.026	3.338	2.28	0.686
140	0.854	1.026	3.489	2.37	0.684
160	0.815	1.026	3.640	2.45	0.682
180	0.779	1.034	3.780	2.53	0.681
200	0.746	1.034	3.931	2.60	0.680
250	0.674	1.043	4.268	2.74	0.677

续表

温度 t(℃)	密度 ρ (kg·m^{-3})	比定压热容 C_p (kJ·kg^{-1}·K^{-1})	导热系数 λ (10^{-2}W·m^{-1}·K^{-1})	黏度 μ (10^{-5}Pa·s)	普兰德数 Pr
300	0.615	1.047	4.605	2.97	0.674
350	0.566	1.055	4.908	3.14	0.676
400	0.524	1.068	5.210	3.30	0.678
500	0.456	1.072	5.745	3.62	0.687
600	0.404	1.089	6.222	3.91	0.699
700	0.362	1.102	6.711	4.18	0.706
800	0.329	1.114	7.176	4.43	0.713
900	0.301	1.127	7.630	4.67	0.717
1 000	0.277	1.139	8.071	4.90	0.719
1 100	0.257	1.152	8.502	5.12	0.722
1 200	0.239	1.164	9.153	5.35	0.724

附录七 某些气体的重要物理性质

名称	分子式	密度(标准态) ρ(kg·m^{-3})	比定压热容 C_p(kJ·kg^{-1}·K^{-1})	黏度 μ(10^{-5}Pa·s)	沸点(101.3 kPa)(℃)	气化热(101.3 kPa)(kJ·kg^{-1})	临界点		导热系数 λ(标准态)(W·m^{-1}·K^{-1})
							温度(℃)	压强(kPa)	
空气	–	1.293	1.009	1.73	−195	197	−140.7	3 768.4	0.024 4
氧	O_2	1.429	0.653	2.03	−132.98	213	−118.82	5 036.6	0.024 0
氮	N_2	1.251	0.745	1.70	−195.78	199.2	−147.13	3 392.5	0.022 8
氢	H_2	0.089 9	10.13	0.842	−252.75	454.2	−239.9	1 296.6	0.163
氦	He	0.178 5	3.18	1.88	−268.95	19.5	−267.96	228.94	0.144
氩	Ar	1.782 0	0.322	2.09	−185.87	163	−122.44	4 862.4	0.017 3
氯	Cl_2	3.217	0.355	1.29(16℃)	−33.8	305	+144.0	7 708.9	0.007 2
氨	NH_3	0.711	0.67	0.918	−33.4	1 373	+132.4	11 295	0.021 5
一氧化碳	CO	1.250	0.754	1.66	−191.48	211	−140.2	3 497.9	0.022 6
二氧化碳	CO_2	1.976	0.653	1.37	−78.2	574	+31.1	7 384.8	0.013 7
二氧化硫	SO_2	2. 927	0.502	1.17	−10.8	394	+157.5	7 879.1	0.007 7
二氧化氮	NO_2	—	0.615	—	+21.2	712	+158.2	10 130	0.040 0
硫化氢	H_2S	1.539	0.804	1.166	−60.2	548	+100.4	19 136	0.013 1
甲烷	CH_4	0.717	1.70	1.03	−161.58	511	−82.15	4 619.3	0.030 0
乙烷	C_2H_6	1.357	1.44	0.850	−88.50	486	+32.1	4 948.5	0.018 0
丙烷	C_3H_8	2.020	1.65	0.795(18℃)	−42.1	427	+95.6	4 355.9	0.014 8
正丁烷	C_4H_{10}	2.673	1.73	0.810	−0.5	386	+152	3 798.8	0.013 5
正戊烷	C_5H_{12}	—	1.57	0.874	−36.08	151	+197.1	3 342.9	0.012 8
乙烯	C_2H_4	1.261	1.222	0.935	+103.7	481	+9.7	5 135.9	0.016 4
丙烯	C_3H_6	1.914	1.436	0.835(20℃)	−47.7	440	+91.4	4 599.0	—
乙炔	C_2H_2	1.171	1.352	0.935	−83.66(升华)	829	+35.7	6 240.0	0.018 4
氯甲烷	CH_3Cl	2.308	0.582	0.989	−24.1	406	+148	6 685.8	0.008 5
苯	C_6H_6	—	1.139	0.72	+80.2	394	+288.5	4 832.0	0.008 8

附录八 某些液体的重要物理性质

名 称	分子式	密度 ($kg \cdot m^{-3}$)	黏度 μ(20 ℃) ($mPa \cdot s$)	比定压热容(20 ℃) ($kJ \cdot kg^{-1} \cdot K^{-1}$)	沸点(101.3 kPa) (℃)	气化热 ($kJ \cdot kg^{-1}$)	膨胀系数 (10^{-4} K^{-1})	表面张力(20 ℃) (10^{-3} $N \cdot m^{-1}$)	导热系数 λ ($W \cdot m^{-1} \cdot K^{-1}$)
水	H_2O	998	1.005	4.18	100	2 256.9	1.82	72.8	0.559
氯化钠盐水(25%)	—	1 180	2.3	3.39	107	—	(4.4)	—	(0.57)
氯化钙盐水(25%)	—	1228	2.5	2.89	107	—	(3.4)	—	0.57
盐酸(30%)	HCl	1 149	2	2.55	(100)	—	—	—	0.42
硝酸	HNO_3	1513	1.17(10 ℃)	1.74	86	481.1	—	—	—
硫酸	H_2SO_4	1 813	25.4	1.47	340(分解)	—	5.6	—	0.384
甲醇	CH_3OH	791	0.597	2.495	64.6	110.1	12.2	22.6	0.212
三氯甲烷	$CHCl_3$	1 489	0.58	0.992	61.1	253.7	12.6	28.5 (10 ℃)	0.14
四氯化碳	CCl_4	1 594	0.97	0.85	76.5	195	—	26.8	0.12
乙醛	CH_3CHO	780	0.22	1.884	20.4	573.6	—	21.2	—
乙醇	C_2H_5OH	789	1.200	2.395	78.3	845.2	11.6	22.8	0.172
乙酸	CH_3COOH	1 049	1.31	1.997	117.9	406	10.7	23.9	0.175

续表

名 称	分子式	密度 (kg·m^{-3})	黏度 μ(20 ℃) (mPa·s)	比定压热容(20 ℃) (kJ·kg^{-1}·K^{-1})	沸点(101.3 kPa) (℃)	气化热 (kJ·kg^{-1})	膨胀系数 (10^{-4} K^{-1})	表面张力(20 ℃) (10^{-3} N·m^{-1})	导热系数 λ (W·m^{-1}·K^{-1})
乙二醇	$C_2H_4(OH)_2$	1 113	23	2.349	197.2	799.7	—	47.7	—
甘油	$C_3H_5(OH)_3$	1 261	1 490	2.34	290(分解)	—	5.3	63	0.593
乙醚	$(C_2H_5)_2O$	714	0.233	2.336	34.5	360	16.3	18	0.14
乙酸乙酯	$CH_3COO-C_2H_5$	901	0.455	1.992	77.1	368.4	—	—	0.14
戊烷	C_5H_{12}	626	0.240	2.244	36.1	357.5	15.9	16.2	0.113
糠醛	$C_5H_4O_2$	1 160	1.29	1.59	161.8	452.2	—	43.5	—
己烷	C_6H_{14}	659	0.326	2.311	68.7	335.1	—	18.2	0.119
苯	C_6H_6	879	0.652	1.704	80.1	393.9	12.4	28.6	0.148
甲苯	C_7H_8	867	0.590	1.70	110.6	363.4	10.9	27.9	0.138
邻二甲苯	C_8H_{10}	880	0.810	1.742	144.4	346.7	—	30.2	0.142
间二甲苯	C_8H_{10}	864	0.620	1.70	139.1	342.9	10.1	29.0	0.168
对二甲苯	C_8H_{10}	861	0.648	1.704	138.4	340	—	28.0	0.129

附录九 乙醇在 101.3 kPa 下的饱和蒸气压表

温度 t(℃)	蒸气压 P(kPa)	温度 t(℃)	蒸气压 P(kPa)
-31.5	0.13	110.0	314.82
-12	0.67	120.0	429.92
-2.3	1.33	13.0.0	576.03
8.0	2.67	140.0	758.52
19.0	5.33	150.0	982.85
20.0	5.67	160.0	1 255.40
26.0	8.00	170.0	1 581.70
34..9	13.33	180.0	1 869.85
40.0	17.40	190.0	2 425.70
48.4	26.66	200.0	2 958.72
60.0	46.01	2 10.0	3 577.49
63.5	53.33	220.0	4 294.15
78.3	101.33	230.0	5 109.82
80.0	108.32	240.0	6 071.39
90.0	158.27	241.3	6 394.62
100.0	225.75		

参 考 文 献

[1] 傅延勋,杨伟华,徐铜文,等.化学工程基础实验[M].合肥:中国科学技术大学出版社,2010.

[2] 徐铜文,黄川徽.离子交换膜的制备与应用技术[M].北京:化学工业出版社,2008.

[3] 温瑞媛,严世强,江洪,等.化学工程基础[M].北京:北京大学出版社,2002.

[4] 徐铜文.膜化学与技术教程[M].合肥:中国科学技术大学出版社,2003.

[5] 武汉大学.化学工程基础[M].北京:高等教育出版社,2001.

[6] 北京大学、南京大学、南开大学三校化工基础与实验教学组.化工基础实验[M].北京:北京大学出版社,2004.

[7] 李宽宏.膜分离过程及设备[M].重庆:重庆大学出版社,1989.